湖北省学术著作出版专项资金资助项目

工程景观研究丛书

万敏 主编

Theories and Practices of Urban Rain Garden

城市雨水花园

营建理论及实践

殷利华 著

华中科技大学出版社
http://www.hustp.com
中国·武汉

图书在版编目(CIP)数据

城市雨水花园营建理论及实践/殷利华著.—武汉:华中科技大学出版社,2018.12
(工程景观研究丛书)
ISBN 978-7-5680-2316-0

Ⅰ.①城…　Ⅱ.①殷…　Ⅲ.①城市景观-花园-工程　Ⅳ.①TU986

中国版本图书馆 CIP 数据核字(2016)第 258844 号

城市雨水花园营建理论及实践　　　　　　　　　　　　　　　殷利华　著
Chengshi Yushui Huayuan Yingjian Lilun ji Shijian

策划编辑:易彩萍
责任编辑:易彩萍
责任校对:李　弋
封面设计:王　娜
责任监印:朱　玢
出版发行:华中科技大学出版社(中国·武汉)　　　电话:(027)81321913
　　　　　武汉市东湖新技术开发区华工科技园　　　邮编:430223
录　　排:华中科技大学惠友文印中心
印　　刷:武汉市金港彩印有限公司
开　　本:710mm×1000mm　1/16
印　　张:16.25
字　　数:258 千字
版　　次:2018 年 12 月第 1 版第 1 次印刷
定　　价:168.00 元

本书得到以下4个基金项目的支持：

（1）桥阴海绵体空间形态及景观绩效研究（国家自然科学基金面上项目，项目批准号：51678260）；

（2）桥阴雨水花园研究——以武汉城区高架桥为例（国家自然科学基金青年科学基金项目，项目批准号：51308238）；

（3）城市五维绿街景观研究（中国博士后科学基金第七批特别资助项目，项目批准号：2014T70701）；

（4）桥阴海绵体空间形态及景观研究（华中科技大学自主创新研究基金项目，项目批准号：2016YXMS053）。

作者简介 | About the Author

殷利华

殷利华,女,湖南省宁乡市人,博士。现为华中科技大学建筑与城市规划学院景观学系副教授,美国华盛顿大学(西雅图)访问学者,湖北省风景园林学会女风景园林师分会副秘书长。

主要研究方向为风景园林规划与设计、绿色基础设施及景观、工程景观学、植景营造、景观绩效等。先后主持了 2 项国家自然科学基金项目、1 项湖北省自然科学基金项目、2 项中国博士后科学基金课题、2 项校级教改及创新课题,发表论文 30 余篇,已出版专著 1 本,申请实用新型专利 1 项。

在研课题关注城市高架桥下消极空间的积极利用及其景观的生态化处理措施、城市道路雨水的生态化就地处理、道路生态景观营造、雨水花园措施研究及实践等。同时对城市自然教育及景观、城市生态修复及景观绩效、绿街及公共空间生态景观等课题有浓厚兴趣。主要承担本科、硕士生风景园林植物、植景营造、景观设计等专业课程教学工作,并作为课程负责人在中国大学 MOOC(慕课)网成功上线"园林植物"慕课课程。

联系邮箱:yinlihua2012@hust.edu.cn。

谨以此书献给所有我爱的和爱我的人！

感谢大家对我一直以来的关心、帮助、鼓励和支持！

感谢华中科技大学自然科学课题组全体成员的努力，感谢建筑与城市规划学院景观学系硕士张纬、赵寒雪、彭越、秦凡凡、王颖洁、魏靓婧、杨茜参与本书的部分内容编写、资料收集和整理工作。感谢景观学系硕士余志文、曾祥焱，环境科学与工程学院硕士朱梦然，艺术设计系1302班赵茸婷、米东阳、石琳、王辉翔，长江大学教师郭晓华，武汉旺林花木开发有限公司姚忠勇总工、谢义总经理、曾兵工程师等参与雨韵园雨水花园建设。同时感谢万敏教授组织编写本书所属的《工程景观研究丛书》，在此一并表示感谢！

前　　言

　　因地制宜地从源头就地入渗、收集与利用不透水场地的雨水,是低影响开发(LID)理念下城市雨水管理的核心思想。具有良好景观效果、空间尺度灵活的雨水花园,是LID理念中生物滞留设施最典型的代表形式之一。本书基于LID理念,尝试以单体建筑、城市街道两个中小尺度层面的城市雨水管理为主要研究对象,运用水量平衡原理、植物光合有效辐射(PAR)光环境关联法、实证检验等研究理论及方法,多学科交叉探讨武汉市雨水花园的营建策略。

　　本书尝试从以下几个方面来阐述城市雨水花园的营建理论:

　　①从选址、布局、平面形式、尺度设计探讨雨水花园空间形态问题;②分析渗透型雨水花园基底构造方式,结合武汉地区降雨特征,探讨适合武汉地区雨水花园的蓄渗构造;③提出雨水花园植物对水、光、土壤、管理的耐适性要求,运用PAR关联,筛选出112种武汉地区适生乡土雨水花园植物,并在华中科技大学南四楼雨韵园建设中进行试种和检验;④结合雨水花园实习基地建设的总结和分析,探讨基于建筑屋顶雨水收集的雨水花园营建问题及解决思路;⑤选择"点""线""面""综合体"各类型的国内外优秀雨水花园案例进行研究和归纳整理,图文并茂,给读者展示城市雨水花园应用实践。

　　本书旨在对我国城市雨水就地生态管理措施类型代表之一的城市雨水花园营建提供初步的理论参考和实证借鉴。基于个人的能力和水平有限,本书的编写中有很多不足之处,敬请大家多多批评和指正!

2018 年 3 月于喻家山下

目　　录

第一章　绪论 ……………………………………………………………（1）

　第一节　城市与雨水的关系 …………………………………………（3）

　第二节　国内外雨水管理研究与实践 ………………………………（5）

　第三节　低影响开发下的雨水设施比较 ……………………………（19）

　第四节　雨水花园研究 ………………………………………………（22）

第二章　城市雨水花园的选址与布局 …………………………………（31）

　第一节　雨水花园选址探讨 …………………………………………（31）

　第二节　雨水花园布局的要求及形式 ………………………………（34）

　第三节　雨水花园的空间尺度设计 …………………………………（43）

第三章　雨水花园构造研究 ……………………………………………（49）

　第一节　雨水花园的构造入渗、滞污理论准备 ……………………（49）

　第二节　雨水花园的构造方式 ………………………………………（56）

　第三节　武汉市降雨资料分析统计 …………………………………（67）

　第四节　武汉市雨水花园构造设计 …………………………………（72）

第四章　城市雨水花园植物的筛选与配置 ……………………………（81）

　第一节　雨水花园植物选择要求 ……………………………………（82）

　第二节　雨水花园耐适性植物筛选 …………………………………（85）

　第三节　冠层截留雨水能力的植物筛选 ……………………………（92）

　第四节　雨水花园植物养护管理建议 ………………………………（96）

　第五节　适合武汉地区雨水花园的植物种类推荐 …………………（96）

　第六节　雨水花园植物配置 …………………………………………（111）

第五章　雨水花园"雨韵园"营建实践 …………………………………（115）

　第一节　基地建设的背景、目标及条件 ……………………………（115）

第二节　场地设计 …………………………………………（117）

第三节　施工建设 …………………………………………（139）

第四节　艺术与景观 ………………………………………（148）

第五节　监测与维护管理 …………………………………（148）

第六节　本章小结 …………………………………………（152）

第六章　国内外雨水花园优秀建设案例赏析 ……………（153）

第一节　建筑附属点状雨水花园案例 ……………………（153）

第二节　街道旁的线状雨水花园 …………………………（186）

第三节　面状雨水花园(雨水公园) ………………………（201）

第四节　社区——雨水花园的综合性运用 ………………（221）

参考文献 ……………………………………………………（236）

后记 …………………………………………………………（244）

第一章 绪 论

雨水是自然现象的产物,同时也是一种宝贵的、常容易被忽视的自然资源。降雨作为自然界水循环系统中的重要环节,对调节、补充地区水资源和改善、保护生态环境起着极为关键的作用。合理利用雨水资源还可以控制水质、改善城市水环境、为野生动植物提供栖息地等,可获得多方面的生态效益。我国关于城市雨水管理的研究是在近十年才开始进行的,相对国外较多营建成功的雨水花园案例和较好的城市雨水管理理论,我国在这方面的研究还明显落后。但随着城市水问题的突出,政府开始认识到城市雨水资源化的重要性,其不仅可以减轻城市防洪压力,减少排水管网的投资,还可以缓解城市用水紧张的局面,降低人们对有限的地表水和地下水的依赖性。

本书拟梳理国内外低影响开发理念中雨水管理的主要措施之一雨水花园,在小尺度场地中的营建技术和手段,特别注重建筑周围及城市道路的雨水花园的构造要求、尺寸特点、植物应用种类筛选,结合国家自然科学课题,针对武汉市的雨水花园建设,通过对华中科技大学雨韵园建设实践的记录与对国内外优秀雨水花园建设案例的总结和梳理,探讨雨水花园营建中的相关问题。

2015 年 4 月,武汉市获批海绵城市试点,一切都还处于初步探索阶段,这给城市生态建设带来了新的发展契机,但还有很多问题值得探讨和审慎思考。武汉是一个多水的历史文化名城,地势平坦,平均海拔仅 23.3 m,地下水位偏高,近 34 年(1980—2013 年)平均年降雨量为 1322 mm,平均年蒸发量为 1409 mm,这都给雨水花园的建设提出了相应的思考问题,也使得研究具有一定的创新性。

1. 写作理论指导思路

(1)现状调研。了解武汉市自然气候条件,特别是降雨情况;了解场地周边水文及水资源条件、地形地貌、排水分区、水系情况、水环境污染;分析

场地及周边环境竖向、低洼地、市政管网、园林绿地等建设情况及存在的主要问题。

（2）制定目标。根据场地环境条件、经济水平等，因地制宜地确定适用于本地的径流总量、径流峰值和径流污染控制目标及相关指标。

（3）用地选择和布局。本着节约用地、兼顾其他用地、综合协调设施布局的原则，选择低影响开发技术和设施，保护雨水受纳体。优先考虑使用原有绿地、河湖水系、自然坑塘、废弃土地等用地，借助已有用地和设施，结合城市景观进行规划设计，以自然为主，人工设施为辅，必要时新增低影响开发设施用地和生态用地。

（4）低影响开发技术组合。注重资源节约、保护生态环境、因地制宜、经济适用，并与其他专业密切配合。选取适宜当地条件的低影响开发技术和设施，主要包括透水铺装、生物滞留设施、渗透塘、湿塘、雨水湿地、植草沟、植被缓冲带等。组合系统包括截污净化系统、渗透系统、储存利用系统、径流峰值调节系统、开放空间多功能调蓄等。恢复开发前的水文状况，促进雨水的储存、渗透和净化。

2. 针对建造方面研究思路

整理水文、气象等雨水来源资料，结合雨水收集参考公式，计算集水量、汇水面积，结合集水区地形高低、截流、入渗率，计算汇聚雨量；根据场地大小和雨水收集利用目标，确定雨水储留量及对应的存储设施容量、材料；以入渗为主，改良基底构造，增加入渗率。

调研园林对应雨水花园不同位置所用植物种类、景观效果、养护要求、生长高度等，提出筛选应用种类，并根据当地绿化植物养护定额资料，查出植物需水要求，作为绿化补水量参考依据。针对有树阴、构筑物遮阴影响的场地，利用光合仪以及Ecotect软件模拟分析，进行PAR匹配，提出满足其生境的植物名录。

预期通过理论梳理、文献查阅、实践调研以及实证研究，能对武汉市基于屋顶雨水收集的点状雨水花园、基于城市绿色街道的线状雨水花园提出建设策略和实证总结，形成一种可供借鉴的理论，并且能推广，从而为武汉市"海绵城市"建设提供借鉴和参考。

第一节　城市与雨水的关系

在人口高度聚集的城市，水问题始终是一个重要课题。世界上很多城市都面临着缺水问题，包括资源性缺水和水质性缺水。如何安全、生态地解决城市水问题，值得我们关注。

1. 城市人水矛盾

城市与水的矛盾一直很突出。第一是"防"，历史上很多城市都遭遇过大洪水的威胁，择水而建的城市便筑起高堤坝，加厚防洪堤对付江河湖海的水；第二是"排"，对待城市中的雨水则力求"速排"，以防后患；第三是"引"，将附近水质良好、丰沛的地表水花费大投资、大成本引入城市中，以应对城市水资源贫乏；第四是"挖"，地表水不足、水质不好的城市则大量抽取地下水，以补充城市用水，但导致地下漏斗效应显著；第五是"涝"，现代很多城市规划建设有问题，导致下雨产生了频发的"看海"事件，甚至在2011年北京发生了"7·21"悲剧，人与雨水的矛盾更加突出。

水资源有多种类型，按其状态通常可以分为大气中的水汽、地表水、土壤水、地下水和生物体内的水五种。城市用水主要是存在于河流、湖泊、海洋、水库的地表水以及地下水。城市雨水是补充地表水和地下水的主要部分，是城市水循环系统中重要的一个环节，是一种重要的城市自然资源。然而快速的城市化进程生成了大量不透水硬化地表，一定程度上阻断了雨水参与水循环链接，把雨水当作废水排出城外，造成大量雨水资源的流失，加重了城市的缺水程度，严重制约了城市的发展。城市中的雨水问题、人雨矛盾也变得更加凸显和放大。人们离不开水，有丰富地表水的城市虽然有着水资源的优势，如"百湖之市"的武汉，但由于地表水污染严重，依然面临着水质性缺水的尴尬。地表水欠缺的城市则大量抽取地下水来维持城市日常需水，导致地表下陷、城市出现超大地下漏斗的危险。很多城市花费大代价进行了防水、排水建设，却依然面临着内涝频发、缺水严重的问题。如何协调城市的水矛盾？引起城市内涝的是"多余"的雨水，而引起城市"干渴"的

问题，同样也可以由"被忽视"的雨水来缓解。

2. 善待城市雨水

合理善待城市雨水问题，是一个城市生态建设重要的表现。降雨具有地域差异、时令不均、偶发性、场次不均、雨量不均、频次差异等典型特征。这也是人们往往忽视它作为城市可用稳定水资源的主要原因。

以美国、加拿大等为代表的西方发达国家在城市雨水利用与管理方面已有近40年的经验积累，从最初的雨水直接速排，例如1977年马里兰州一个居住小区的雨水尽量就地吸纳管理开始，发展到现在比较成熟的有美国的暴雨水最佳管理途径（best management practices，BMPs）（如美国环保局（USEPA）将最佳管理措施BMPs定义为"任何能够减少或预防水资源污染的方法、措施或操作程序，包括工程、非工程措施的操作与维护程序"）、雨水管理理论与绿色基础设施（green infrastructure，GI）、低影响开发（low impact development，LID）等理论和实践建设。

雨水管理模式可以分为刚性管理和弹性管理。雨水管网的排放系统就属于目前我国大多数城市雨洪的刚性管理方式。在"尽快、高效"的指导原则下，城市雨水的处理着眼于将雨水从城市范围内赶紧排出去。面对越来越复杂的城市雨洪，这种刚性的雨水管理模式的排水管线必须不断升级（张钢，2010:6）。由于升级成本高，施工需要开挖道路，工程量大，交通影响、社会经济影响明显，因此在我国各大城市并不能普遍展开。低影响开发的雨水管理理念倡导因地制宜，尽可能在场地源头分散式管理雨水，使原有被硬化地表阻隔的雨水滞留入渗，从源头上入手，有效缓解现有管网压力，减少城市内涝风险。

3. 海绵城市试点

城市建设发展至今，我国已经意识到城市雨水资源化的重要含义。党的十八大报告明确提出："面对资源约束趋紧、环境污染严重、生态系统退化的严峻形势，必须树立尊重自然、顺应自然、保护自然的生态文明理念，把生态文明建设放在突出地位……"。建设具有自然积存、自然渗透、自然净化功能的海绵城市是生态文明建设的重要内容，是实现城镇化和环境资源协调发展的重要体现，也是今后我国城市建设的重大任务。2014年10月，北京建筑大学李俊奇、车伍教授主编，住房和城乡建设部发布了《海绵城市建设技术指南——低影响开发雨水系统构建（试行）》，对城市雨水管理起到了一个新的引领作用。海绵城市即"城市像海绵一样，遇到降雨时，能够就地或者就近'吸收、存蓄、渗透、净化'径流雨水，补充地下水、调节水循环；干旱缺水时，将蓄存的水'释放'出来加以利用，进而保护和改善城市生态环境的一种城市创新建设模式，这对于缓解城市内涝、减少城市径流污染、节约水资源、保护和改善城市生态环境都具有重要意义。"2015 年年初，财政部、住房和城乡建设部、水利部组织了 2015 年海绵城市建设试点城市评审工作，并于 2015 年 4 月 13 日正式公布了 2015 年 16 个海绵城市建设试点名单[①]，湖北省武汉市便是其中之一，也是 16 个城市中的两个省会城市之一，是华中地区最大的试点建设城市。

"百湖之市"的武汉，有着与北方少水试点城市（如河北省迁安市）、南方丰水试点城市（如广西壮族自治区南宁市）不一样的典型水文、地理地貌特征。城市建设方面，预计 2020 年市域常住人口达到 1180 万人，城市建设面积达 908 平方千米[②]。武汉市目前正在加快建设力度，力争打造中国的"大武汉"。海绵城市试点批准，给武汉市建设提出了新的要求，生态城市的建设纳入了更新的高度。

第二节　国内外雨水管理研究与实践

一、国外相关理论研究

近 20 多年，新的城市雨水管理方法发展为提高环境、经济、社会和文化的综合效应。这种方式称为低影响开发（low impact development，LID）、可

[①] 国家公布的 2015 年 16 个海绵城市建设试点名单：河北省迁安市、吉林省白城市、江苏省镇江市、浙江省嘉兴市、安徽省池州市、福建省厦门市、江西省萍乡市、山东省济南市、河南省鹤壁市、湖北省武汉市、湖南省常德市、广西壮族自治区南宁市、重庆市、四川省遂宁市、贵州省贵安新区、陕西省西咸新区。

[②] 数据来源于《武汉市城市总体规划（2010—2020 年）》。

持续城市排水系统(sustainable urban drainage systems,SUDS)、水敏感城市设计(water sensitive urban design,WSUD)、低影响城市设计与开发(low impact urban design and development,LIUDD)。

很多城市已经意识到了非点源污染是水体污染的主要原因,美国50%以上的河流、溪流、湖泊的水质变化都由自然界非点源污染引起。这些扩散的污染源通常很难界定和控制。非点源污染是指水体中的沉淀物、富营养物、细菌、有毒金属和其他污染物通过地表径流、土壤侵蚀、大气沉降等形式进入水、土壤或大气环境所造成的污染。雨水系统通常设计为从硬质铺装表面迅速排走雨水,而这些携带了大量污染物的雨水直接进入水体,很多雨水设计系统尽力从"终端管道"来控制污染,这种最佳管理措施(BMPs)已经开始变得昂贵和难以安装。

新的城市雨水管理方法和研究介绍如下。

1. 低影响开发(low impact development,LID)

低影响开发设施是采用源头控制的理念,应用小规模、低成本的雨洪控制利用措施,如滞留、存储、入渗设施应对城市雨水径流,以便减小城市开发建设造成的影响,尽可能维持或恢复场地开发前的水文特征。雨洪管理应始于规划阶段,即尽量避免城市化对环境的影响。低影响开发设施包括湿地、雨水塘、水洼地、雨水桶、生物滞留设施、植物入渗带、渗透沟等构造设施。低影响开发雨水系统与城市绿地、开放空间密不可分,相当一部分雨水设施,如雨水花园、下凹式绿地、植被浅沟等,都成为了绿地景观中的新要素。

低影响开发途径包括非结构措施,如道路和建筑布局,最大化缩小非透水面,最大化增加可渗透土壤和植被种植,减少源头污染,并对相关改动开展教育活动。低影响开发特别强调现场小规模雨水源头控制。

2. 最佳管理实践(best management practices,BMP)

美国的最佳管理实践是一个有效、实用、可以在管理和技术方面有效控制雨水污染的方法,减少了雨水对河流和湖泊等自然水体的非点源污染。

最佳管理实践可分为非结构性和结构性两种。非结构性的最佳管理实践着重于雨水污染的源头控制,如定期进行街道的吸尘或清扫;减少垃圾的丢弃和颗粒物的积累;控制绿化中化肥的使用,从而减少氮、磷的产生;进一步提倡和推广低影响发展的理念和技术,保持开发地区开发前后的水文特征不变,即不增加雨水径流;通过合理的设计和科学施工,最大限度地减少开发地区的动土面积,降低土壤的雨水冲刷。源头控制管理手段和技术包括合理绿化、有效灌溉、建筑材料水环境友好、垃圾室外妥善存放、保护斜坡防止土壤流失,修建绿色屋顶、分散型的生态存蓄池、渗透井、渗透性路面等。

结构性的最佳管理实践是指采用物理、生物、化学的方法,对雨水径流中各种突出的污染物进行去除和单元操作。物理方法主要是沉淀、过滤和吸附;生物方法主要是指通过植物根系的吸收和根系周围土壤中的微生物降解去掉雨污;化学方法主要是通过加入絮凝剂将雨水中的金属和小颗粒通过混凝沉淀去除。目前广泛应用的最佳管理实践有沉淀池、存蓄池、渗透池、渗透沟、生态过滤带、过滤沟、砂滤池、人工湿地、旋流分离器、固体颗粒截流器、过滤式集水井等。

3. 绿色基础设施(green infrastructure,GI)

基础设施是具有明确支持或服务功能的行政管理系统,也指支持大尺度公共功能的物质系统,如运输、通讯、能源生产及分配等。基础设施被广泛认为是使得现代社会得以正常管理和运转的最基础、最重要的角色。

绿色基础设施是相对传统的"灰色"基础设施(如道路、排水系统等)而言的基础设施。美国可持续发展总统委员会在其 1999 年的报告《走向一个可持续的美国——致力于二十一世纪的财富、机遇和健康环境》中明确了将绿色基础设施作为达到可持续发展目标的几项关键战略之一,并将其意义提升到了"国家的自然生命支持系统——一个由保护土地和水系相互联系组成的网络,支持当地物种,保持自然生态过程,维持空气和水资源,并且致力于改善社区和居民的健康及生活质量"的高度。美国环境保护局定义绿色基础设施:为提高整体环境质量和提供公共服务而设计的自然系统或模拟自然过程的人工设施。湿地、生态廊道、公园及仿自然人工生态系统(雨水花园、植被浅沟、绿色屋顶)等大尺度或小尺度的措施都属于此范畴。

绿色基础设施是 2009 年 IFLA 大会的主题,现今已成为景观领域的热

门话题。加拿大早在 2001 年出版了《加拿大城市绿色基础设施导则》(*A Guide to Green Infrastructure for Canadian Municipalities*),分析了绿色基础设施的十大特征,并图文并茂地提出了比较全面的建设措施。国内学者沈清基(2005)发表论文对它进行了较完整的解析和评价,提出了城市绿色基础设施对人居环境及城市的作用和功能。

4. 雨水管理模型研究

LID 的设计应用方面仍有许多不足,而 LID 模型软件的应用能更好地鼓励 LID 设计原则的落实。这些模型能让 LID 的设计和应用更加有效,其成效也能很好地应用于教育改进和政策完善。这给城市管理中大范围的 LID 排水设施由一种复杂和可视的自然过程变为一种计算机系统或工具带来革新的挑战。Elliott A. H. 和 Trowsdale S. A. 拟通过评估目前 10 种 LID 相关模拟雨水管理的软件工具,并分别探讨它们的优缺点,推动其在研究中的应用,如评论 SWMM(storm water management model)模型是"规划和初步设计的详细模型,被广泛应用"。这些研究成果旨在提高对可视化模型的应用关注,并鼓励对雨水管理模型进行改进。

二、国外相关实践

(一) 建成项目

本书将在第六章"国外雨水花园优秀建设案例赏析"中详细讲述国外已建成的优秀项目。

(二) 政策法规

很多发达国家制定了一系列有关城市雨水利用的法律法规,进行了不同规模的雨洪利用研究,并配合雨水利用系统政策,推动了相关工程设施的建设和应用。

美国制定了相应的法律、法规对雨水利用给予支持。如科罗拉多州、佛罗里达州和宾夕法尼亚州分别制定了《雨水利用条例》。这些条例规定新开发区的暴雨引发的洪水洪峰流量不能超过开发前的水平。所有新开发区(不包括独户住家)必须实行强制的"就地滞洪蓄水"以提高天然入渗能力,大力推广屋顶蓄水和入渗井、草地、透水铺装等组成的地表回灌系统。

美国早期的雨水花园以佐治亚王子郡的住宅区雨洪管理系统为开端。项目采用生态滞留与雨水渗透的方法来代替传统的雨洪排水系统。20世纪80年代,美国实行"就地滞洪蓄水"政策,对全部新开发区域强制实行。在新建或改建项目中的雨水径流量不能超过开发前水平。雨水调蓄控制和处理工程必须进行报批,必须运用技术手段保护水环境和雨水径流质量。到20世纪90年代,美国的雨水花园技术快速向前发展,政策也相应发展完善,提高雨水的天然入渗能力是这一时期美国雨水利用的宗旨。所以利用屋面蓄水、入渗井、草地、透水铺装等组成的地表回灌系统得到了大范围的推广和应用。美国在雨水的利用上也有政府相应法律法规的支持,美国的雨水利用法律规定:新开发区域的雨洪径流量应少于开发前的雨水径流量,新开发地区强制实行就地滞洪蓄水。

将雨水资源利用与景观设计成功结合的德国,关于雨水花园的技术研究一直处于领先地位,用法律的形式规定在新建或改建地区必须进行雨水利用系统设计。所以,在德国雨水资源利用也成为衡量开发区域品位的重要指标。在德国的居住区中,雨水花园的技术同样得到了广泛的应用,常见的做法有屋顶绿化、水景、中水回用等。此外,德国还在法律法规和政策上对雨水资源的利用给予一定支持,各州法规规定:在新建场地,必须有效地利用雨水,否则政府将收取雨水排放费用。除了特殊情况外,雨水不能直接排放到公共管网中。现在已经颁布的《屋面雨水利用设施标准》,为德国雨水花园的建设实施提供了强有力的保障。

新加坡受岛国地质条件限制,严禁开采地下水,以防止地面沉降,主要通过采集雨水获取水资源。经过多年的实践,新加坡政府成功地制定了适合本国特色的集水区计划,在规划建设、环境保护和综合利用等方面,都进行了有益的探索和尝试,积累了一整套行之有效的经验和办法。

2008年,《雨水花园指南》在新西兰北岸市出台,用以作为生物滞留技术的指导。新西兰其他的雨水利用法规还包括:2002年奥克兰颁布的《暴雨管理设施:设计向导手册》,2000年颁布的《奥克兰地区低影响开发指南》,2004年出台的《暴雨管理指南》和《源头暴雨管理指南》等。

澳大利亚主要提倡 WSUD 暴雨管理体系。具体指南和手册如下：2002年颁布的《悉尼地区水敏感规划指南》，2004年《西部悉尼地区水敏感城市设计技术指南》，2006年颁布的《评价墨尔本小规模水敏感城市设计》，2006年墨尔本颁布的《城市暴雨最佳实践环境管理指南》等。

日本是一个雨量充沛的国家，早在20世纪60年代就以建造蓄洪池的方式存储雨水作为景观用水和消防及灾害时的紧急用水。日本政府于1992年颁布《第二代城市排水总体规划》，正式将雨水渗沟、渗塘、透水路面等技术作为城市总体规划的一部分，同时还规定了必须在新建及改建的大型公共建筑中修建雨水下渗设施。很多日本的城市为其雨水利用提供资金上的支持，实行补助金制度，如东京墨田区于1996年建立墨田区促进雨水利用补助金制度，对中小型储雨装置、地下储雨装置给予一定的补助，雨水净化器补 $1/3 \sim 2/3$ 的设备价、水池每立方米补 $40 \sim 120$ 美元，从而促进了日本雨水利用技术的应用以及雨水资源化的发展。这些政策法规和经济措施全力支持着日本雨水利用技术的发展。

（三）工程措施

很多城市和国家都采取了控制并利用雨水的景观工程措施，建立了完善的屋顶蓄水和由入渗池、井、草地、透水地面组成的地表回灌系统。收集的雨水主要用于冲厕所、洗车、浇庭院、洗衣服和回灌地下水。

美国的雨水塘、雨水湿地、绿色屋顶、雨水花园、街道浅沟等雨水控制利用设施都得到了很好的运用。芝加哥为了解决城市防洪和雨水利用问题，兴建了地下隧道蓄水系统，在大多数的建筑上都安装了屋顶蓄水和入渗池、井、草地、透水地面组成的地表回灌系统。

日本于1963年开始兴建滞洪和储蓄雨水的蓄洪池，雨水用作喷洒路面、灌溉绿地等城市杂用水。而建在地上的蓄洪池尽可能满足多种用途，如在调洪池内修建运动场，雨季用来蓄洪，平时用作运动场。近年来，各种雨水入渗设施在日本得到迅速发展，包括渗井、渗沟、渗池等，这些设施占地面积小，可因地制宜地修建在楼前屋后。

伦敦的世纪圆顶每天回收 500 m³ 水冲洗该建筑物内的厕所，其中100 m³ 来自屋顶收集的雨水，这使其成为欧洲最大的建筑物内的水循环设施。

　　德国利用公共雨水管收集屋顶、周围街道、停车场和通道的雨水,通过独立的雨水管道汇入地下贮水池,经简单的处理后,用于冲洗厕所和浇洒庭院。利用雨水每年可节省 2430 m^3 饮用水。

　　丹麦收集屋顶雨水作为用水资源。收集屋顶雨水后,经过收集管底部的预过滤设备,进入贮水池进行储存。使用时利用泵经进水口的浮筒式过滤器过滤后,用于冲洗厕所和洗衣服。在 7 个月的降雨期,从屋顶收集起来的雨水量,就足以满足所有冲洗厕所的用水。而洗衣服需水量仅 4 个月就可以满足。每年能从居民屋顶收集 645 万立方米的雨水,相当于居民总用水量的 22%,占市政总饮用水产量的 7%。

　　2005 年,被称为水资源领域"诺贝尔奖"的"斯德哥尔摩水奖"颁发给了印度科学和环境中心,以表彰其成立 25 年来对于雨水资源开发利用的成就。该中心创造性地开发出一整套对雨水进行收集、过滤、沉淀和清洁的方法,通过在农村建造水池、池塘、人工湖泊等积蓄雨水。不仅如此,该中心还针对很多城市地下水开采过度的现状,把古老的雨水储蓄技术也搬到了城市:通过在屋顶设置雨水采集箱、在地面设立雨水过滤箱等措施,把洁净的雨水导入地下水井,建立起一套循环利用水资源的简易系统。在印度一些大中城市,高架的立交桥在雨水收集中也派上了用场。市政部门在许多幅面比较宽的立交桥下修建了大型蓄水池。雨水充沛时会顺着立交桥两侧的排水沟直接流入到桥下的水池里。这些雨水基本上可以满足城市绿地的浇灌需求。在一些大型广场、学校操场和机场等场所,一般也预先修建了宽约 67 cm、深约 33 cm 的导流渠,将雨水导入附近的蓄水池内。

三、国内雨水管理相关研究进展

　　我国雨水资源丰富,年降水量达 612 万亿立方米,但当前我国城市雨水处理方式多为直接排放,大量的水资源遭到浪费,城市排水负担加大。随着城市化进程加快,城市硬化地面不断增多,加之原有的雨水管网排水能力有限,很容易引发城市街道内涝。城市街道往往成为问题的主要表现场所,街道排水不畅导致交通拥堵,交通事故频发,甚至引发 2012 年"7·21"北京特

大暴雨重大伤亡事件。城市为应对此类雨洪问题不得不继续投入资金建设更高标准的配水管线，形成恶性循环，造成水资源浪费的同时，也丧失了大量财力。但我国同时也是干旱缺水的国家。20世纪末，全国600多个城市中已有400多个城市存在供水不足问题，其中缺水比较严重的城市达110个。一方面是水资源浪费，另一方面水资源又不足，这是尚未解决的矛盾。在浪费水资源的过程中，城市需要建设大量的排水设施以应对城市暴雨，而水资源不足导致城市又必须建设供水体系，寻找新的水源。

我国的城市用水多为开采的地下水，但过度开采地下水会引发地面沉降、地下水漏斗等地质问题，将会引发地表塌陷、管道开裂、建筑基础沉降失衡、建筑物产生裂缝等一系列严重问题，影响城市发展，危害人民生命财产安全。目前网络数据显示，我国地下水开发程度已达40%～84%，尤其以华北地区更为严重。城市雨水不能及时渗入补给地下水，原有水体循环被打断，这就导致地质问题更加严重。恢复水资源循环体系，使得雨水有效补给地下水是我国当今城市发展必须面对的水生态问题。降雨形成地表径流，水资源遭受城市污染，水生态环境恶化，城市雨水管理议题提上各城市乃至国家层面的重要议事日程。

在我国，低影响开发的含义已延伸至源头、中途和末端等不同阶段的控制措施中。城市建设过程应在规划、设计、实施等各环节纳入低影响开发内容，并统筹协调城市规划、排水、园林、道路交通、建筑、水文等专业，共同落实低影响开发控制目标。

我国大多数城市在雨水利用方面基本还处于探索和研究阶段。目前城市雨水花园的建造和利用还处于初期发展阶段，与发达国家相比，国内在教科书、设计资料，雨水径流污染控制问题，城市排水系统和设施的科学规划、设计与建设，以及相关的技术、法规与管理等方面还存在着较大差距。国内的雨水管理系统仍沿用传统的以排为主的管道排水系统，基本没有专门的暴雨管理体系，对排水体制和管道系统的研究十分薄弱。雨水资源大量流失，地下水位和地面下沉加重了河道的排水压力，导致洪涝灾害的发生。国内对于雨水径流处置措施的研究和应用也甚少，真正意义上的雨水生态措施更少，仅在高速公路或水敏感路段附近建设了一些简易的蒸发池或在农村干旱地区建造一些以沉淀为主的水池、水窖、水塘和水坝等,水质净化效果差。大量分流制中的径流雨水与合流制中的雨污溢流水,仍未经任何处理直接排入下游河道,对水体造成严重污染。在此背景下,我国城市雨水资源利用已经发展成为一个十分热门的课题,北京、上海、成都等多地相继开始进行雨水研究并将其应用到实际案例中。如北京奥森公园、上海辰山植物园和后滩公园、成都活水公园、哈尔滨群力雨洪公园、天津桥园、中山岐江公园等都是雨水利用研究的典范。对于雨水资源的利用,北京地区一直处于国内领先地位。20世纪90年代初期,因水资源紧张,北京市第一次提出城市雨洪利用的概念。当时因为条件的限制,只做了研究,并没有进行实际应用。在2000年,中国和德国合作"北京城市雨洪控制与利用技术研究与示范"项目的研究,第一批城市雨洪控制与利用示范工程在中国开始建设。北京市的城市雨洪管理也开始进入排水和利用相结合的发展阶段。

但是国内关于雨水利用的研究,多数是针对雨水利用的方法途径、建造技术等方面的研究。现阶段雨水事业发展范围较小,还处于初级阶段,仅政府、部分专家和少量公众大力支持,大部分公众的雨水知识相当匮乏,想立即形成一套完善的雨水体系十分困难。但是可以先针对某一地区的雨水利用概况研究发展一种或多种高效、成熟、合适且公众接受度较高的生态径流处置措施,这样一来既能唤起公众的高度重视又能起到示范作用,随着雨水事业慢慢发展,最终达到完善我国雨水管理体系的目的。

(一) 理论研究

1. 文献统计

中国知网等中文期刊网中输入"城市雨水管理"作为主题查询词,搜索直接相关共有2378条检索结果(截至2018年1月15日):①按数据库来源分,主要为学术期刊1195篇,博士学位论文库53篇,硕士学位论文库554篇,国内会议论文库109篇;②按所属学科分,主要集中在5个学科,其中水利水电工程792篇,建筑科学与工程1347篇,资源科学138篇,环境科学与资源利用29篇,宏观经济管理与可持续发展215篇;③按文献发表年度分,最早时间为1979年1篇,发表最多的年份是2016年394篇,其次是2017年296篇,2001年起相关论文数量开始明显增加(图1-1);④按研究层次分,主要集中在自然科学范畴,其中工程技术相关论文有1476篇,基础与应用基础研究有260篇,行业技术指导有150篇;⑤按作者分,论文贡献最多的作者为李俊奇23篇,车伍18篇;⑥按贡献机构分,主要贡献机构分别有重庆大学57篇,天津大学57篇,北京林业大学51篇,西安建筑科技大学46篇,同济大学42篇,北京建筑工程学院37篇,清华大学35篇,北京大学23篇。其中,受国家自然科学基金项目资助的有108篇,国家科技支撑计划项目资助的有26篇等。

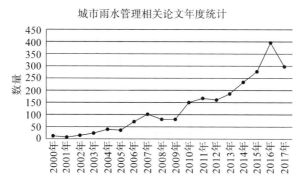

图 1-1　我国"城市雨水管理"相关论文数量年度统计(截至 2018/1/15)

(图片来源:作者自绘)

2. 理论发展

我国在城市雨水管理方面相对落后于西方国家,但随着城市建设带来越来越凸显的城市雨水问题,以北京建筑大学车伍、李俊奇为代表的研究团队自1990年以来在城市雨洪控制与利用方面先后主持了国家"十一五"科技支撑子课题"雨水集蓄、净化技术研究与设备开发","十一五"国家水体污染与治理重大专项"廊坊市雨水径流污染控制与利用关键技术研究与示范"子课题,建设部项目"城市洪涝控制-多功能调蓄利用技术研究"及"杭州低碳城市雨水系统研究-基于低影响开发模式"等大量地方研究项目,国家"十二五"水专项"城市道路与开放空间低影响开发雨水系统研究与示范课题","基于低影响开发(LID)的城市面源污染控制技术"等。

2010—2017 年,我国自然科学基金在"雨水科研"相关方面从"E08 建筑环境与结构工程"中进行检索,支持了项目名称含"雨水"的相关课题共20

项,其中 2010 年、2011 年分别为 1 项,2012 年高达 6 项,2013 年 3 项,2014 年 2 项,2015 年 4 项,2017 年 3 项,可见国家自然科学基金对雨水研究越来越重视和支持。

2007 年 4 月,原国家建设部发布了《建筑与小区雨水利用技术工程规范》作为国家标准正式执行。当前我国对雨水利用的研究与实践还在起步的阶段,研究和设计成果多停留在很小的尺度上,以建筑外环境和小面积绿地、小区道路等为主,而对于范围较大、类型复杂区域的整体雨水花园工程,研究深度和广度还不够。

2014 年 10 月,由中华人民共和国住房和城乡建设部组织编制,北京建筑大学、住房和城乡建设部城镇水务管理办公室、中国城市规划设计研究院等 9 个单位主要起草,发布了《海绵城市建设技术指南——低影响开发雨水系统构建(试行版)》(以下简称《指南》),这代表城市绿色基础设施、低影响开发的雨水系统建设正式纳入国家级管理层面,这给各城市雨水管理提供了系统、权威的指导,开启了我国城市雨水管理新篇章。《指南》主要内容包括总则、海绵城市与低影响开发雨水系统、规划、设计、工程建设和维护管理六章。基本原则是规划引领、生态优先、安全为重、因地制宜、统筹建设。旨在指导各地在新型城镇化建设过程中,推广和应用低影响开发建设模式,加大城市径流雨水源头减排的刚性约束,优先利用自然排水系统,建设生态排水设施,充分发挥城市绿地、道路、水系等对雨水的吸纳、蓄渗和缓释作用,使城市开发建设后的水文特征接近开发前,有效缓解城市内涝、削减城市径流污染负荷、节约水资源、保护和改善城市生态环境,为建设具有自然积存、自然渗透、自然净化功能的海绵城市提供重要保障,从而提高水生态系统的自然修复能力,维护城市良好的生态功能。

(二) 雨水管理实践

1. 上海辰山植物园

上海辰山植物园坐落于上海市松江区佘山国家旅游度假区内,其周围水资源十分丰富,平均年际地表径流量 2.12 亿立方米,如图 1-2 所示。辰山植物园的雨水花园分为两种:一种是以控制径流量为目的的雨水渗透型雨水花园,另一种是以控制径流污染为目的的雨水收集型雨水花园。

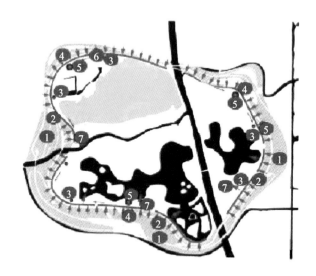

图 1-2　上海辰山植物园雨水花园设施图

(图片来源：阚丽艳，2012)

1—有碎石层的绿环；2—地表排水方向；3—绿地雨水蓄水池；
4—屋顶雨水收集；5—蓄水池；6—雨水汇集；7—降水汇入水面

（1）以渗透为目的的雨水花园。它主要通过温室屋顶和园内的"绿环"控制径流雨水。"绿环"根据园内的建筑、土壤、植被等具体情况进行设计，如图 1-3 所示，它的工作原理是通过碎石层和地表土层进行初期雨水渗透，在此过程中，雨水中较大的胶体颗粒和固体污染物被碎石和土壤吸附阻隔，初步净化后雨水通过地下管道汇集。超出碎石和土壤渗透能力的雨水径流通过城市排水管网疏导。"绿环"周围的雨水通过排水管流入到蓄水池，可用于园区的景观灌溉，从而使水资源循环利用。以渗透为目的的雨水花园有效减少了雨水径流量，净化了园区水质，同时节省了园内的景观灌溉用水，并使地下水得以回灌。除"绿环"外，通过温室屋顶对雨水的滞留，也提供了丰富的水资源，每年大约可滞留并蓄水 400 m³。

（2）以收集雨水为目的的雨水花园。为了改善园内景观水体的 V 类水质，在部分区域的水体边缘结合雨水花园对水质进行修复。其设计结构见图 1-4 及图 1-5。该类型的雨水花园结构由外向内依次是植被层、腐殖土层、

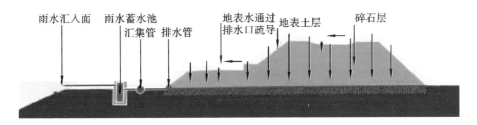

图 1-3　辰山植物园绿环雨水渗透型剖面图

（图片来源：阚丽艳，2012）

图 1-4　辰山植物园水生专类园中雨水花园结构图

（图片来源：阚丽艳，2012，课题组改绘）

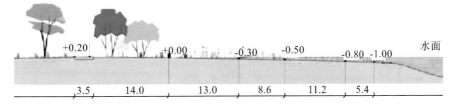

图 1-5　辰山植物园雨水花园部分景观剖面示意图

（图片来源：阚丽艳，2012）

土工布层、透水层、贮水空间、渗透层。雨水花园净化的主要污染物有汞（Hg）等重金属以及雨水径流中的酸雨污染物、降尘和有害氮氧化物（NO_x）。

上海辰山植物园雨水花园植物选择的前提是集观赏性和去污性于一体，从而达到景观设计和科研功能的结合。辰山植物园通过应用雨水花园技术，不仅取得了可观的经济效益，而且对其生态环境的可持续发展也有着十分重要的意义，是我们学习的典范。

2. 上海世博园

为了实现"绿色世博、生态世博"的战略目标，2010 年上海世博会整个园区设计中都考虑到了低碳环保设施的应用，其中"合理收集和利用雨水"成为会场亮点之一（张浪等，2010）。首先，低洼绿地、渗透性的铺面材料、地下调蓄池等多种方式结合利用，不但滞留存储了大部分雨水，同时促进了雨水回渗。这样的处理减小了排水管网系统的压力，同时也初步实现了降低路面雨污量的环保目标。结合道路原有绿化布局，降低绿地高度，将雨水口置于绿地中，一起构成蓄渗排放系统。其次，对土壤进行改造，通过添加石英砂、煤灰等提高土壤的渗透性，同时在地下增设穿孔排水管，穿孔排水管周围用石子或其他多空隙材料填充，具有较大的蓄水空间（图 1-6）。多余的径流雨水由设在绿地中的雨水溢流口或道路排走（图 1-7）。这种利用绿地、土壤过滤路面雨水的雨水口很好地解决了初期雨水污染的问题，并且可以和

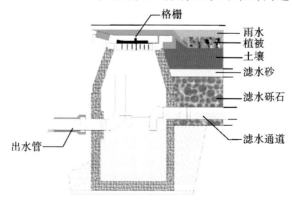

图 1-6　世博园区雨水收集技术解析

（图片来源：张大敏，2013，吕颖琦改绘）

多种绿化方式结合,扩展到更多场地中,如居住区、公共建筑周边绿地等,应用前景广泛。

图 1-7　世博会人行道雨水口及景观

(图片来源:谷歌街景地图)

第三节　低影响开发下的雨水设施比较

在低影响开发理念指导下,有多种雨水处理设施,在不同的场所各有其对应的适合范围,表 1-1 对 18 种常见的雨水设施在以下几个方面进行 6 个大项、14 个小项的全面比较:①功能指标(包含积蓄利用雨水、补充地下水、消减峰值流量、净化雨水、传输 5 个二级指标);②控制目标(包含径流总量、径流峰值、径流污染 3 个二级指标);③处置雨水方式(包含分散和相对集中 2 个二级指标);④经济性指标(包括建造费用、维护费用 2 个二级指标);⑤污染物去除率(以 SS(悬浮物)去除率为主要参照指标);⑥景观效果。

表 1-1   低影响开发设施比选一览表

序号	单项设施	功能指标					控制目标			处置雨水方式		经济性指标		去污率/%	景观效果
		积蓄利用雨水	补充地下水	消减峰值流量	净化雨水	传输	径流总量	径流峰值	径流污染	分散	相对集中	建造费用	维护费用	SS去除率	
1	下沉式绿地	○	●	◎	◎	○	●	◎	◎	√	—	低	低	—	一般
2	简易型生物滞留设施	○	●	◎	◎	○	●	◎	◎	√	—	低	低	—	好
3	复杂型生物滞留设施	○	●	◎	●	○	●	◎	●	√	—	中	低	70～95	好
4	渗透塘	○	●	◎	◎	○	●	◎	◎	—	√	中	中	70～80	一般
5	渗井	○	●	◎	○	○	●	◎	○	—	√	低	低	—	—
6	湿塘	●	○	●	◎	○	●	◎	◎	—	√	高	中	50～80	好
7	雨水湿地	●	○	●	●	○	●	●	●	√	√	高	中	50～80	好
8	蓄水池	●	○	◎	◎	○	●	◎	◎	—	√	高	中	80～90	—
9	雨水罐	●	○	◎	○	○	●	◎	○	—	—	低	低	80～90	—
10	调节塘	○	○	●	◎	○	○	●	◎	—	√	高	中	—	一般
11	调节池	○	○	●	○	○	○	●	○	—	√	高	中	—	—
12	传输型植草沟	◎	○	○	◎	●	○	◎	◎	√	—	低	低	35～90	一般

续表

序号	单项设施	功能指标					控制目标			处置雨水方式		经济性指标		去污率/%	景观效果
		积蓄利用雨水	补充地下水	消减峰值流量	净化雨水	传输	径流总量	径流峰值	径流污染	分散	相对集中	建造费用	维护费用	SS去除率	
13	干式植草沟	○	●	○	◎	●	●	○	◎	√	—	低	低	35～90	好
14	湿式植草沟	○	○	○	●	●	○	○	●	√	—	低	低		好
15	渗管/渠	○	◎	○	○	●	○	○	◎	√	—	中	中	35～70	—
16	植被缓冲带	○	○	○	●	—	○	○	●	√	—	低	低	50～75	一般
17	初期雨水弃流设施	◎	○	○	●	—	○	○	●	√	—	中	中	40～60	—
18	人工土壤渗滤	●	○	○	●	—	○	○	◎	—	√	中	中	75～95	好

图例说明：●表示强，◎表示较强，○表示弱或很小。

数据来源：SS去除率数据来自美国流域保护中心（center for watershed protection，CWP）的研究数据。

　　表 1-1 中的"复杂型生物滞留设施"代表形式即本书研究的雨水花园。可知，"复杂型生物滞留设施"的 7 个二级指标（即"补充地下水""净化雨水""径流总量控制""径流污染控制""分散式布置""维护费用""景观效果"）都表现出优良性能，显示了它在雨水处理中的优势所在。

　　同样从表 1-1 可知，"雨水湿地"和"湿塘"也表现出数量相同甚至更多的

优秀性能，但这两项设施通常所占用地空间比较大，且在设施深度、安全防护上也有相应较高的要求，故这也是本书重点研究关注占地小、布置灵活、雨水管理效果优良、景观效果好的复杂型生物滞留设施——雨水花园的原因所在。

第四节　雨水花园研究

一、概念及意义

（一）雨水花园的概念

雨水花园（rain garden，也称 bioretention）是自然形成或人工挖掘的浅凹绿地，被用于汇聚并吸收来自屋顶或地面的雨水，是一种生态可持续的雨洪控制与雨水利用设施。它以生态可持续的方式来实现小汇水面（如停车场、街道、庭院等）的雨水净化、滞留、渗透及排放（Davis A. P.，et al，2009；Roy-Poirier A.，et al，2010），同时由于其显著的景观和生态功能，已广泛地应用在居住区、道路、商业区等不同类型的园林景观中。

雨水花园是生物滞留设施的一种。雨水花园是城市低影响开发技术中的一种有效的雨水自然净化与处置技术类型之一，是一种典型的生物滞留设施。美国马里兰州出版的《雨洪管理中的生物滞留区设计手册》（*Design Manual for Use of Bioretention in Stormwater Management*）中指出：雨水花园又称为生物滞留区（bioretention area），它是指在园林绿地中的有树木或灌木的浅洼地区，被地被植物或树皮覆盖。它通过滞留和下渗雨水补充地下水，减少雨水地表径流，还可以通过植物和土壤的吸附、降解和挥发等作用减少污染。

雨水花园最初起源于马里兰州佐治亚王子郡住宅区的开发商建议。该开发商想用一个能够滞留和吸收雨水的生态场地取代过去的雨水利用管理体系。在该郡有关机构的帮助下，这一想法在萨默塞特地区实现，在该地，雨水花园得到普遍应用，几乎每一栋住宅周围都建造有雨水花园。经过多年统计,该区的雨水径流减少了 75%～80%。雨水花园的建造和使用发挥了巨大的作用,取得了有目共睹的成功,因此雨水花园在世界各地得到推广和应用。

通过对国内外雨水花园相关文献的阅读和总结,笔者认为,雨水花园是一个基于生物滞留的具体区域和措施,属于生物滞留的一种应用形式,一般建在人工挖掘或自然形成的浅凹绿地,用来收集并处理来自周围地面或屋顶的雨水径流,并通过植物吸纳、土壤的下渗和微生物渗滤等过程实现净化雨水、降低径流量及景观和谐等多功能目标,是一种生态可持续的雨洪控制与雨水利用设施。

雨水花园的外表与普通的花园表面看起来很相似,它可根据基地周围环境和使用者对景观的要求设计成规则或不规则的形式。在我国,雨水花园适用于低密度公寓、别墅区以及建筑庭院中,也可建造在公园、广场、道路周边等空间,用来收集建筑屋面、停车场、广场及道路等不透水区域的径流。同时它还是一个小生态系统,可以减轻城市的热岛效应,美化和净化环境。广义地来讲,凡是绿地建设中采用了雨水收集、处理、利用等生态技术并呈现较好景观品质的都是雨水花园。按功能来分,雨水花园一般可分为雨水渗透型和雨水收集型两种。

雨水花园被认为是消减城市区域非点源污染的最佳管理实践措施。雨水花园常栽种灌木、树木,地面覆盖着深褐色树皮或其他覆盖物,这种浅洼地景观能阻滞场地径流,减少对终端管网调控的需求。

雨水花园有调节城市雨洪、补给地下水、促进水资源综合利用、调节城市小气候、消除热岛效应等生态效益,承担了城市的相关生态功能,维持了城市社会的正常运转,是绿色基础设施核心概念的体现,符合绿色基础设施的定义,故被美国环境保护局直接认同为绿色基础设施的重要组成部分,将逐步取代一部分灰色基础设施的社会职能,成为城市绿色基础设施完善的重要环节。

(二) 雨水花园的建设意义

雨水花园的目的在于截留雨水径流,通过地下渗透、收集径流,将雨水资源化,减小了地表径流的量,调节了汇流时间,也使得水资源得到合理利

用。相比以往的刚性排放,雨水花园这种柔化处理雨水的方式更加生态有效。雨水花园作为绿地来建设,不仅承担了城市净化系统的作用,更在城市景观格局上提升了城市环境质量。雨水花园的特殊净化作用主要有物理净化作用、植被净化作用、土壤净化作用和人工湿地综合净化作用。

雨水花园良好的综合效益使其作为生态可持续的雨洪控制与雨水利用设施得到迅速的推广和应用,如在美国暴雨水管理的最佳管理实践策略、低影响开发策略、绿色基础设施,澳大利亚的城市水敏感设计(water sensitive urban design,WSUD),英国可持续城市排水系统(sustainable urban drainage systems,SUDS),德国、日本等国众多的雨水管理实践中都能看到雨水花园的应用。

雨水花园建设的意义具体可总结为以下五点。

(1)生态意义:雨水花园在雨水资源综合利用、雨洪调节、水质净化、雨水渗透、城市小气候调节、城市水面增加、城市绿地增加等方面表现了其生态本性,具有典型的生态意义。

(2)城市资产:雨水花园的建设对城市环境的改善、气候调节、景观改造等方面的影响也将会提升城市品质与形象,进一步推动城市的经济发展,为城市带来更多的经济效益,成为城市的无形资产。

(3)科普体验:雨水花园建成之后给游人提供了丰富的游览体验,成为生动活泼的科普教育场所。

(4)生态教育:城市中营造雨水花园景观,为市民提供了一个亲近自然环境的机会,改变了人们对雨水的陈旧认识,具有典型的生态教育意义。

(5)特色景观:雨水花园同时还是一种管理简单粗放、自然美观的景观绿地,兼具生态的同时,又不失景观品质。

二、雨水花园营建的相关研究

(一)国外部分

1. 文献研究

雨水花园于20世纪90年代在美国马里兰州佐治亚王子郡首先被投入使用后,在其他地区得到了积极推广,用于在商业区、住宅区等不同地点进行雨水处理。

　　通过在"Web of Science TM 核心合集"中对与雨水花园相关的国内外文献进行检索和综合统计分析，对历年文献检索结果的整理，截至 2017 年 10 月，有关雨水花园有效文献一共有 619 篇，其中与构造相关的一共有 541 篇，占总量的 87.40%，远高于国内比例。可见国外对雨水花园构造的研究更为重视和深入，二十几年间已经积累了大量的实验和实践案例，可供国内学习和参考。

　　雨水花园近 6 年开始成为热点关注研究对象。文献涉及以工程学、生态环境科学、水资源等 3 类为主的学科方向，美国、澳大利亚、中国、加拿大是 4 个主要文献贡献国家，美国更是以高于 2/3 的文献比例占据雨水花园相关研究的重要地位。雨水花园理论研究主要关注雨水花园净化效果、水量水文研究、原理及构造、材料与设施、评价与管理等 5 个方面。雨水花园具有能长期有效去除正磷酸盐（Maya P. Abi Aad，2010）、降解残余石油烃、降解溶解营养物及农药等净化作用，这为推动雨水花园的雨污净化提供了理论支撑。水量水文研究主要反映雨水花园的流量监控、各地季节气候对雨水花园水文影响等，雨水花园能吸纳大于自身面积近 20 倍不透水汇水面积上的地表径流量。原理与构造研究突出表现为设计模型的运用，如美国环保局的 SWMM-5 模型可以推算表面过剩水流排水时间，理查兹方程模型（Richards equation model of a rain garden）可以模拟雨水下渗，底土渗透系数影响雨水花园功效，不同基底结构材料的净化能力有明显差异等情况。雨水花园构造常分为蓄水层、覆盖层、植被及种植土、人工填料层、砾石层等 5 个部分，主要通过植物、多层底层材料吸附、拦截、降解雨水污染和进行雨水入渗。材料与设施方面运用"高吸水性复合膨润土"，相应植物如阴性植物楼斗菜（Aquilegia canadensis）、美国紫珠（Callicarpa Americana）等，实现雨水花园的景观与功能协调。评价与管理方面涉及有综合评价雨水花园减少径流量、降污能力、雨水水文管理等内容。此外还有雨水花园设计需"体现景观美学""规划满足城市暴雨水管理""选址安全"等文章，对雨水花园的建造、评价与管理都有很好的参考价值。

　　2. 管理研究

　　1993 年美国马里兰州颁布了《生物滞留指南》，其中雨水花园技术作为

独立的一章被列入更多其他地区的雨水利用技术规章中。同时雨水花园的基本原理、设计和建造方法等得到广泛研究。例如,密歇根州环境部门对当地雨水花园的起源、建造步骤、实例应用以及结合雨水罐的使用,都进行了详细研究;2003 年威斯康星州颁布了《居民建造雨水花园指南》;密歇根州立大学环境工程部于 2006 年颁布了《雨水花园设计和建造指南》;2008 年弗吉尼亚州出台《雨水花园技术指南》等。许多州都有 BMP 和 LID 暴雨手册,其中均有详细的生物滞留设计方法,这些政策的相继出台都为该地区的雨水花园建造提供了技术上的支持与帮助,促进了雨水花园的快速发展。

(二)国内部分

借助中国知网的中文学术文献总库,选取"雨水花园"和"生物滞留"进行主题词检索,截至 2015 年 12 月 31 日,共检索出 285 篇文献,将医药、生物化工、时政报道、行业讯息等无关文献和重复文献剔除,最终筛选得到 249 篇相关论文,即本节研究分析对象。

采用内容分析法,以 Excel 2010 作为统计分析软件。通过构建"1+2"的维度分析框架("时间维度"+"研究领域维度"、"研究内容维度"),将文献样本归类统计,能更全面地分析国内雨水花园十年来的研究进展特点。其中"研究领域维度"的获取,需要对文献来源进行分析解读,以了解雨水花园发展的学科类型体系。通过对年度文献数量进行分布统计(图 1-8),可以在"时间维度"上较清晰地看出十年来国内雨水花园相关文献的发展轨迹。结合文献样本归类统计表(表 1-2),根据其特征总结为以下 3 个发展阶段。

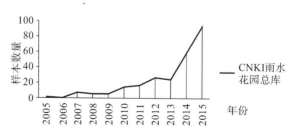

图 1-8　中国知网中以"雨水花园"为主题词的文献数量年度变化(2005—2015 年)

(图片来源:作者自绘)

表 1-2 文献样本的归类统计表

阶段		启 蒙 期					酝 酿 期			繁 盛 期	
年度		2005	2006	2007	2008	2009	2010	2011	2012	2013	2014	2015
研究领域	风景园林	1	—	5	1	4	6	7	12	11	18	44
	城市规划	—	—	1	—	—	3	2	—	2	6	8
	水利科学	—	—	—	1	—	1	5	1	—	4	6
	给水排水	—	—	—	1	2	3	—	6	6	17	12
	环境科学	—	—	—	1	1	—	1	7	5	11	21
	农业	—	—	—	—	—	1	1	—	—	2	2
研究内容	国外案例研究	1	—	5	1	1	3	—	7	5	4	5
	雨水利用	—	—	2	—	1	5	2	1	12	3	14
	景观化设计	—	—	—	—	2	4	2	4	1	8	22
	尺寸设计方法	—	—	—	2	1	4	1	3	4	12	10
	选址	—	—	—	—	1	4	1	3	2	8	6
	空间布局	—	—	—	—	1	3	2	1	1	4	6

续表

阶段	启 蒙 期					酝 酿 期				繁 盛 期	
年度	2005	2006	2007	2008	2009	2010	2011	2012	2013	2014	2015
研究内容 结构层次	—	—	—	2	1	6	6	8	6	17	12
水文效应	—	—	—	—	—	1	3	2	2	12	19
去污能力	—	—	—	1	—	3	4	8	7	21	20
构造填料	—	—	—	—	—	1	1	4	5	8	7
土壤渗透	—	—	—	1	1	2	—	1	3	8	4
植物选择与配置	—	—	—	1	—	4	3	7	3	13	15
管理维护	—	—	—	—	1	4	2	2	—	4	3
模型构建	—	—	—	1	—	—	4	1	5	17	16
低影响开发	—	—	—	—	1	2	3	4	8	14	19
生态技术	—	—	—	—	—	1	2	1	2	1	4
道路绿地	—	—	—	—	—	1	3	3	1	5	4
应用实践	—	—	—	—	—	5	4	8	6	19	20
研究综述	—	—	—	—	—	3	1	3	9	13	13

表格来源:作者根据中国知网以"雨水花园"为主题词的相关文献查阅综合整理分析而成。

（1）启蒙期（2005—2009年），雨水花园概念作为新兴理论最开始是由美国传入我国，根据归纳统计表分析，期间仅有18篇研究文献，相关研究处于探索阶段，没有明显的研究倾向，以对国外现有研究及实践的分析探讨为主，同时也出现了以向璐璐、罗红梅等为代表的学者开始根据国内现状提出相适应的雨水花园设计方法，为酝酿期的深入研究奠定基础。

（2）酝酿期（2010—2013年），期间有80篇研究成果，呈现稳定的缓慢上升趋势，六大学科领域对雨水花园的关注度明显提升，研究内容开始涉及构造填料、水文效应、应用实践、研究综述等19个方面，对雨水花园营造设计、性能试验以及应用实践有较深入的研究，文献价值较高，具有"精"的特征。

（3）繁盛期（2014—2015年），该阶段文献数量陡然上升，可以看出在海绵城市建设的国家政策刺激下，学术界积极给予响应，雨水花园作为"海绵细胞体"，迅速得到重视。2015年更是达到了90篇的最高值，其中去污、水文效应、模型构建等雨水花园性能实验研究类文献进入井喷式发展阶段，但同时相较于酝酿期，研究成果的水平良莠不齐，呈现"泛"的特点。

国内雨水花园文献主要来源于中国学术期刊和优秀硕士学位论文，其中在核心期刊的发表量占该主题期刊文章总量的一半以上，主要发表于《中国给水排水》《给水排水》《中国园林》等核心期刊。可以看出，在高水平的学术论文中有更多较深入的研究。通过对文献来源进行分析总结（图1-9），发现其学科领域呈现"1＋5"的学科结构，即以"风景园林"为核心，五大学科（城乡规划、水利科学、给水排水、环境科学、农业）交叉参与、辅助研究的学科体系。

通过阅读样本文献，将研究内容划分为19个子方向（图1-10），按内容可以归纳为三大研究方向：①雨水花园设计营建（尺寸设计方法、选址、空间布局、结构层次、植物选址与配置、管理维护）；②雨水花园性能实验研究（水文效应、去污能力、构造填料、土壤渗透、模型构建）；③应用实践及其他（应用实践、研究综述、道路绿地、生态技术、低影响开发、景观化设计、雨水利用）。

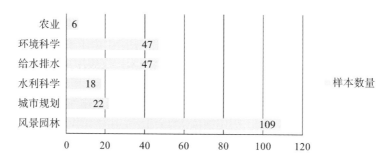

图 1-9　中国知网中雨水花园学科分布统计(2005—2015 年)

(图片来源:作者自绘)

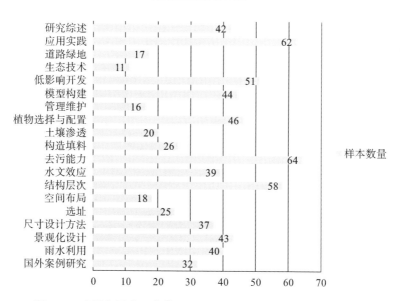

图 1-10　中国知网中雨水花园研究内容分类统计(2005—2015 年)

(图片来源:作者自绘)

第二章　城市雨水花园的选址与布局

　　根据区域降雨特点和城市发展布局,合理设计雨水花园,使其最大限度地发挥工程效益和环境效益,是当前雨水花园应用研究中的热点问题。我国城市雨水资源利用及城市雨水径流面源污染控制的研究相对落后,雨水花园及雨水集蓄工程设计与规划的依据不足,确定不同参数的雨水花园蓄渗量和溢流量是指导雨水花园设计的关键。通过研究雨水花园土壤的入渗能力、不同暴雨强度、雨水花园不同汇流面积比以及蓄水深度条件下的溢流情况,确定雨水花园设计参数,有利于雨水花园系统选址与布局。

　　本章主要从雨水花园选址、规划设计布局、景观营建等方面,结合武汉市的实际调研情况进行相关探讨,拟对雨水花园的合理选址和布局提供参考。

第一节　雨水花园选址探讨

　　雨水花园的建设需要依托绿地空间实现,不同的功能、汇水面积、土壤条件、地形地貌、建设限制条件对雨水花园的选址都有相应的制约。因为雨水花园旨在灵活、从源头小面积处理城市雨水,故选址上有共性也有特殊性。

一、影响雨水花园选址的因素

　　因结构与功能的特殊性,雨水花园在选址方面受到很多因素的制约或影响。无论是哪种类型的雨水花园,在选址上都会受到一些具有共性的因素的影响。按照不同因素对其功能的影响大小,从以下五个方面来阐述影响雨水花园选址的因素。

　　1. 地下水

　　地下水对雨水花园的影响体现在两个方面:一是地下水水位高低,二是地下水污染情况。因此,在设计雨水花园时,需要着重调查基址的地下水情况。地下水水位过高,雨水花园的雨水不能及时下渗,易造成植物腐烂、蚊虫滋生等问题,不能体现雨水花园净化的功能;雨水花园过滤的雨水应当经

过评估检测,如果经过雨水花园的过滤,雨水无法达到地下水排放的要求,则该基址不能设置雨水花园。

2. 与建筑的关系

由于雨水花园是一种渗透性雨水管理设施,所以雨水花园跟建筑的距离需仔细考虑。雨水花园包含水循环系统中的蒸发、下渗、流动等过程,因此雨水花园应当与建筑隔一段安全距离。一方面,防止雨水下渗造成建筑基础受损;另一方面,雨水花园尽量建在阳面,以提高雨水的蒸发效率。雨水花园的渗透性会使建筑基础发生一些变化,比如含水量升高,甚至造成建筑沉降或者墙体变形。据研究,雨水花园距建筑基础水平距离不得少于3 m,距离含有地下空间的建筑不得少于9 m。

3. 与硬质面的关系

城市雨水花园最大的目标是收集、净化与入渗城市硬质面的径流雨水。城市硬质面主要有建筑屋顶、道路路面、广场路面、停车场路面、不透水人工设施顶面等,因此雨水花园的选址最好靠近这些硬质面,以便就近收集、净化与入渗雨水。若这些硬质面旁有紧邻的绿地,且便于改造,则便于雨水花园选址以及营建。在近硬质面旁选址的优势是就近短距离源头控污,雨水径流路径输送距离短,污染控制率较高,节约管材和减少更多的工程开挖量。这类选址需保证硬质面的基础安全,使雨水下渗不对其基础稳定造成威胁。

当这些硬质面周边无紧邻配套绿地,或场地条件不适合雨水花园营建时,则可以适当考虑在离硬质面较远的绿地中布置。这类选址的优势是能有足够的空间和场地建设雨水花园,容易取得良好的特色效果;不足是会增加营建成本,且维护管理相对不便利。

4. 地形

雨水花园主要建在低洼或者浅凹的区域,如果基址内没有这种低洼地,也可以人工挖掘。地形决定了雨水的流向,尽量依托地形将雨水尽可能地自然引到雨水花园中,使大部分雨水都可以通过雨水花园过滤、渗透到地下,甚至补充地下水。还可以通过人工设计地形或者用引流的办法将雨水导入,雨水花园的蓄水层还要尽量保持水平,否则会造成局部积水。

5. 土壤

雨水花园对土壤的要求较高,需讲究一定的渗水速率。针对场地中的土壤,有两个较为简便的检测方法检测渗水速率。

(1)实验法。在需要建设雨水花园的地方挖一个深约15 cm的浅坑,检测水下渗的速率。如果在 24 小时内,浅坑的水可以入渗完毕,说明土壤自然渗透率高,则此地适宜建设雨水花园。

（2）观测法。观察场地内的土质。雨水花园的本质是生物滞留设施,主要依靠生物措施进行过滤。如果拟建设雨水花园的区域内植被较健康,长势良好,则说明此地适宜建造雨水花园;如果长势不好,则考虑换土,可按以下比例配制土壤:50%～60%的砂土和碎石,20%～30%的腐殖土,20%～30%的表层土混合配制。

二、选址步骤

了解上述雨水花园选址的影响因素后,在选址时从以下几个步骤考虑（图 2-1）,最终选出最适合营建雨水花园的场地。

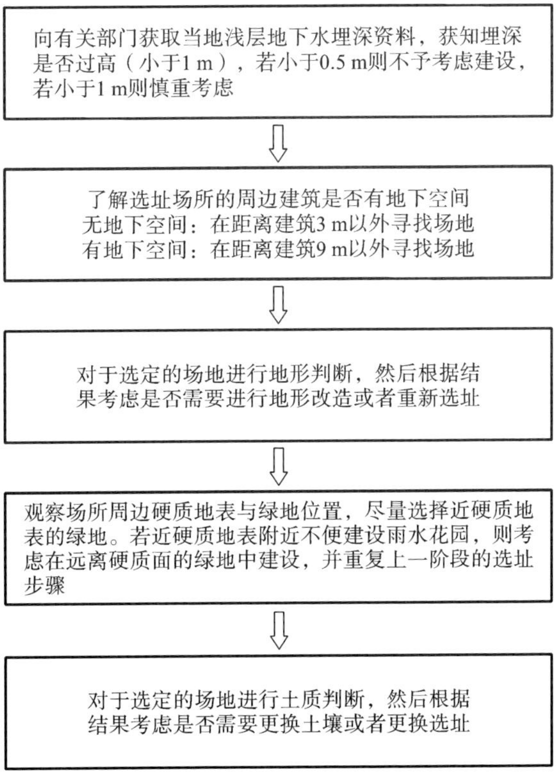

向有关部门获取当地浅层地下水埋深资料,获知埋深是否过高（小于1 m）,若小于0.5 m则不予考虑建设,若小于1 m则慎重考虑

了解选址场所的周边建筑是否有地下空间
无地下空间:在距离建筑3 m以外寻找场地
有地下空间:在距离建筑9 m以外寻找场地

对于选定的场地进行地形判断,然后根据结果考虑是否需要进行地形改造或者重新选址

观察场所周边硬质地表与绿地位置,尽量选择近硬质地表的绿地。若近硬质地表附近不便建设雨水花园,则考虑在远离硬质面的绿地中建设,并重复上一阶段的选址步骤

对于选定的场地进行土质判断,然后根据结果考虑是否需要更换土壤或者更换选址

图 2-1　雨水花园选址步骤

第二节　雨水花园布局的要求及形式

一、协调雨水花园与场地环境的几个关系

　　雨水花园是关于雨水的众多基础设施中最常见、能灵活运用的设施,占地体量小、施工相对简便、适合低成本维护管理、景观效果良好、净化效果明显。雨水花园在运用中需要注意处理几个与环境相关的问题。

　　(1) 雨水花园的主体功能定位应与当地降雨条件、场地地下水位、土壤渗透性相匹配。

　　(2) 雨水收集面大小与雨水花园面积呈一定的制约关系。

　　(3) 注意对周边基础设施的安全防护,如对道路路基的安全防护。

　　(4) 合理设计竖向高差,尽量利用周边地形、地势组织雨水收集和调蓄,减少土方工程量和造价。

　　(5) 完善场地的雨水平衡系统,保证雨水花园的良性运行。

　　(6) 所用材料在当地易获得,建设及维护管理成本低。

二、雨水花园常见形式

(一) 按功能分类

1. 以控制雨水径流量为目的的雨水花园

　　通过植物的吸收和土壤滞留或渗透雨水,是该类雨水花园的主要目的。此类雨水花园的主要功能是减少雨水径流量,还有部分净化水质、补充地下水的作用,一般较适用于居民小区、建筑庭院、公共建筑等污染较轻的小面积雨水径流。这类雨水花园结构简单,一般不需在底部设计专门的排水沟。

2. 以降低雨水径流污染为目的雨水花园

　　该类型雨水花园的主要功能是降低雨水径流污染,且能渗透和滞留雨水,常用在停车场、广场、道路等雨水径流污染相对严重的场所。该类型的雨水花园在土壤的配比、底层结构以及植物的选择上应该更加严密,对土壤的要求也相对苛刻,一般要求为壤质砂土,其中,砂土的含量为 35%～60%,黏土的含量小于等于 25%,渗透系数大于等于 0.3 m/d。土壤中含有大量直径大于 25 mm 的木屑、碎石、树根或其他腐质材料等。该类雨水花园既需要净化径流雨水,还需及时排出饱和的雨水径流,因此结构相对比较复杂,需设有溢流装置。

(二) 按空间形态分类

雨水花园是城市绿色基础设施的重要构建部分,重点强调城市水环境与城市绿地的关联,是城市绿地网络系统的一个子系统,同样具有系统化、整体化的典型特征。它是一种"水"与"绿"复合的系统,具有雨洪生态调蓄和优化绿地环境的双重作用。

"水"与"绿"复合的生态系统,具体落到城市空间上可以划分为点、线、面三种空间形态。点状雨水花园指建筑周边小面积、独立分散的雨水花园;线状雨水花园是指以街道雨水花园为代表,长度远远大于宽度,呈狭长线性空间景观的雨水花园;面状雨水花园指在城区建立的大型公园,大面积的汇水、渗水、保水型绿地。

城市可以采用点、线、面的空间构建方式对城市雨水进行调节,兴建城市绿地。点、线、面的有机结合,构成了雨水花园"水"与"绿"的交融体系,有助于完善城市绿色基础设施建设。

1. 点状雨水花园

点状雨水花园在本书中主要是指相对独立运行的,面积通常在 1000 m² 以下,且长宽比小于 4:1 的雨水花园,通常以建筑周边的单块绿地或广场中的单块绿地为依托。城市中建筑屋顶的面积占了整个城市硬化表面的 30% 左右,分散在建筑周边独立的雨水花园,可以有效地从源头控制建筑屋顶的雨水径流、削减其周边地表径流量、减轻屋顶雨水的污染、缓解城市热岛效应、调节建筑温度和美化环境,生态效益明显。

建筑周边的雨水花园对空间要求不严,可灵活设置。在就地吸纳建筑屋顶雨水的同时,也为建筑提供了优美的外部环境。同时由于建筑直接与人们日常工作、生活密切相关,这类雨水花园可很好地融入城市景观之中。关注建筑旁地面的雨水花园,可结合屋顶绿化及其雨水收集系统形成立体

雨水管理系统。

屋顶雨水被汇集流入地面后,在建筑周围绿地中的雨水花园内得到净化,净化后的雨水可储存利用。当雨量超过花园的承受范围时,多余雨水由溢水口就近排入其他排水系统。雨水花园若设计有水体景观,在进行亲水性体验设计时必须考虑到水质、水深对花园使用者的安全影响,同时需注意雨水花园入渗雨水不能影响到建筑基础安全。

建筑周边雨水花园按应用形式的不同,可以划分为建筑庭院雨水花园、建筑附属绿地雨水花园和建筑广场雨水花园三种。

(1)建筑庭院雨水花园。

建筑庭院拥有良好的空间围合感,内部环境相对独立、静谧。设计这类雨水花园时应注意:①满足收集、净化雨水的生态功能;②庭院空间可进行地形变化设计,不但利于划分空间,营造小中见大的空间氛围,而且可利用地形引导雨水自然收集、利用、净化和渗透;③建筑庭院雨水花园设计应提供良好的休憩环境,打造精致的庭院景观;④建筑庭院雨水花园设计应与建筑的空间布局相契合,使景观融入建筑中。

(2)建筑附属绿地雨水花园。

建筑附属绿地是城市环境品质的代表,也代表了如公司、集团等办公场所的商务形象,因此投资建设力度比较大。在美国建筑项目开发中,政府明确规定了开发商对建筑附属绿地的修建责任。

在建筑附属绿地的雨水花园设计中需注意:①体现雨水处理的生态属性特征;②为建筑提供城市空间的限定范围;③适当设置休息停留设施,满足建筑内人群进行就近户外交流的需求;④注重可观赏性和总体景观效益;⑤因为场地直接与城市相接,可适当加入市民的游览、参与性景观项目。

(3)建筑广场雨水花园。

建筑广场是城市公共活动的聚集地,拥有大量的人流和硬质地面。在建筑广场的配套绿地中建设雨水花园有着重要的生态意义。设计这类雨水花园时应注意:①根据地下结构选择在合适的区域收集和渗透雨水,减少暴雨期广场地面的高峰水量;②布局应让出人流交通流线,不妨碍建筑广场的交通需求;③结合周边环境建立相应的停留、休息设施,满足人们集会、休息的需求;④收集净化后的雨水,在保证水质的前提下可回用于建筑广场景观用水和建筑中水;⑤雨水花园收集、蓄水设计需充分考虑水深、水质等涉及人身安全的问题。

德国柏林最大的商业中心波茨坦广场是德国雨水利用的典范。对于广场上不宜建设绿地的地方,雨水均通过雨漏管引入地下蓄水池,再通过水泵与地面人工湖或水景观相连,形成雨水循环系统。另外,地下蓄水池设有水质自动监测系统和雨水处理系统。达标的雨水可以直接进入雨水循环系统,不达标的雨水则需要在蓄水池中进行处理。在蓄水池中较大颗粒的污染物可经沉淀去除,之后用泵将水输送至人工湿地,通过土壤基层、植物和藻类等来进行进一步的净化。这种方式解决了广场生态环境所面临的问题。

波茨坦广场雨水花园(图 2-2)群落生境已经运作了近 10 年,雨水花园采取湿地净化结构的模式,证明了这个净化系统的持久性。雨水花园粗放管理也在此得到了验证,此外利用雨水花园净化后的雨水创造出的景观也在当地得到了很高的评价。

对于建筑旁小面积场地的雨水管理,一般采用集中处理的方式,通过管道、沟渠等设施将屋顶的雨水引入雨水花园。植物选择以耐湿耐旱的多年生乡土植物为主,以适应雨季及旱季的不同水分条件。

2. 线状雨水花园

线状雨水花园指长宽比值大于 4∶1、形状狭长的雨水花园,通常是指依附于道路绿地的狭长带状雨水花园。街道是城市中重要的基础设施,但随着城市化进程的发展,由于不透水街道的建设等原因,街道雨洪问题也越来越凸显。街道线状雨水花园是一种利用道路绿地就近收集道路及周围硬化区域的地表径流、努力恢复自然界雨水循环系统的一种绿色基础设施。这种利用街道线状雨水花园的生态方式来收集、渗透、净化、处理城市雨水的街道,被称作绿色街道(green street)。

绿色街道的普及,有效地减轻了市政排水系统的压力,并逐渐取代部分投入不菲的市政排水设施建设。但当降雨量大的时候,多余的雨水还是应当由灰色基础设施排入传统的城市排水系统中。

图 2-2　德国柏林波茨坦广场雨水花园

（图片来源：上图来源于筑龙图酷网·http://photo.zhulong.com/ylmobile/detail123706.html）

街道雨水花园为城市街道搭建起一个处理城市道路雨水的绿色体系，街道雨水在街道雨水花园中大部分被净化与渗透。

街道雨水花园景观的设计，最早可追溯至 1971 年伊恩·麦克哈格与 WMRT 合作完成的得克萨斯州伍德兰兹（Woedland）新城规划项目。伊恩·麦克哈格根据场地现状设计出了综合自然和人工特点的雨水排放系统。这套系统作为街道雨水花园景观的前身，不仅效率高，而且工程造价仅为全部铺设市政雨水管线的造价的 22.4%。现如今，欧美一些城市的市政当局经过评估，开始尝试通过雨水花园景观的普及来建设绿色街道，处理城市中的雨水排放问题。美国华盛顿州的西雅图早就开始实施绿色街道计划，并且西雅图交通部和公共事业部已携手创建覆盖整个城市街区的雨水花园。

街道雨水花园的推广和普及需在现有基础上进行相关改造。

（1）改造隔离带、绿化带、路缘石。

我国城市街道的路缘石通常高出车行道 10 cm 以上，是为了利用隔离带和绿化带将机动车、非机动车、行人分隔，保证道路安全和通行能力。路缘石将雨水快速汇入雨水口并进入城市排水管网，这种以"排"为主的处理方式缺乏对雨水资源的有效利用，造成城市水资源的浪费。若要改变这个情况，建议选取具有较宽隔离带、绿化带的地段，将路缘石局部改为尽量与路面平齐的高度，留出豁口，降低绿地高度，将一部分街道雨水经过算口过滤、沉淀、收集等装置引入绿化带内，增加雨水渗透量，同时可减少绿化带的浇灌养护用水，也就地滞留了大量路面雨污。

用雨水花园构建绿色街道的优秀经典案例有美国俄勒冈州波特兰的 NE Siskiyou 绿色街道（图 2-3）。该项目获得了 2007 年度 ASLA 综合设计类荣誉奖，评语为"简洁、温馨和简单，这是在住宅环境中进行雨洪管理的一个很好的案例。用简单的手法却获得了很好的环境效益，它为设计者、决策者和社区树立了一个典范。交通通畅，它看起来甚至与现有的景观都非常协调"。NE Siskiyou 绿色街道被认为是波特兰绿色街道雨洪管理改造的最佳案例。

（2）停车场设置下凹绿地。

在停车场临绿地的一侧降低绿地的高度，使之低于停车场，形成下凹绿

图 2-3 波特兰街道雨水花园在原来街道变窄的基础上建成

(图片来源:刘娟娟摄)

地。北京市在 1990—1991 年做了绿地高度对入渗量的影响试验,结果表明:标高低于周围路面的绿地,其入渗量是高于路面时的 3～4 倍。

街道线状雨水花园能够滞留雨水,延长径流流动时间,实现有效的路面雨水下渗。街道路面雨水径流可以通过街道固有的坡度、雨水收集池闸口等方式加以引导,流入适宜布置街道雨水花园的绿地中,其线状的形态有利于结合地形、地势和人工构筑设施,打造一个完整的较长距离的街道雨水过滤景观链,为提升街道景观,改善街道环境,提升城市道路生态、水体净化等形成良好的推动作用。

3. 面状雨水花园

面状雨水花园通常指面积在 0.2 ha(1 ha＝10000 m²)及以上,具备雨水调蓄、收集系统的园林绿地,也叫雨水公园。随着城市化的进程,面状雨水花园已经在景观设计中得到了应用,实际上城市公园已远远超出了雨水花园的范围。面状雨水花园是雨水花园向公园尺度的拓展,跟公园绿地一样,起到调节雨洪、控制水质的作用,也充分体现了雨水花园的设计思想。公园具有了更大尺度的雨洪调节能力,也更充分地发挥了雨水花园的作用。

公园绿地本身面积大,其大面积的集中绿地便于雨水的收集渗透。公园内部地形变化丰富,可结合植被群落有效地收集和净化雨水。公园绿地中的湖泊及河流结合人工湿地的设计,使得公园绿地成为雨水集蓄、水质处理的天然雨洪滞纳场。而公园内的广场、道路结合渗透性材料,有利于雨水花园技术的综合应用。

将公园中的水系统、雨水系统、污水净化系统结合,可实现水资源可持续利用的目的。公园雨水花园注重雨水的收集及循环使用,有利于降低公园绿地的浇灌及养护成本。同时,这种区域尺度的应用对于缓解城市用水紧张、改善城市生态条件、调节城市雨洪、控制城市水质都发挥了积极作用。

大面域的雨水公园常进行以下相关雨水处理方式。

(1)蓄:建立雨水收集系统,合理利用水资源,公园绿地内采用管道渗透技术,将多余绿地雨水沿管道汇入公园的湖池,集蓄雨水。

(2)净:充分利用植被体系集蓄雨水,减少地表径流。植被体系还具有很强的水质净化能力,植物根系对雨水的净化作用最为明显。

(3)渗:铺设透水性较好的生态型铺装,有效增加地面的渗水性,回补地下水。

(4)滞:建设下凹形绿地,强调绿地内的渗透作用,起到一定的滞洪效果。

(5)娱:将雨水生态技术与娱乐、科普教育设施相结合。水处理过程中的沉淀、加氧等工序,加入喷泉叠水以及其他水流发电或提水等使水流动的装置,寓教于乐,既满足生态功能,提升活动品质,又达到科普教育的目的。

北京奥林匹克公园中心区下沉花园在雨水利用上进行了很好的探索和尝试(图 2-4)。该下沉花园以下渗为主,回收为辅,先下渗、净化,再收集、回用。回用采取就近用于下沉花园绿化用水及观赏水景用水,以降低成本。雨水利用系统设计重现期定为 5 年,收集设计标准范围内的降雨量。

图 2-4 奥林匹克公园中心区下沉花园的雨水系统

(图片来源:姚忠勇摄)

区域尺度的公园绿地需考虑的雨水管理问题将会更加复杂,涉及水利工程、市政工程、水文、流域生态等诸多问题,因此其对于城市整体水域环境的调控作用明显。区域尺度的公园绿地雨水调控方面的成功案例之一有杭州的"西湖西进"项目。该项目在西湖西边开拓大片湿地,暴雨时山体汇水进入西进水域内,起到减缓水流速度,防止雨水冲刷、剥蚀土地,控制泥沙量,蓄洪防旱等作用。该项目利用自然地形把水体建成多级净化体系,雨水汇集流入西湖前,已得到了有效的净化。城市雨洪的调控也带来了生物多样性的转变。湿地吸引了大量的候鸟以及其他物种,同时优化了景观格局,也推动了当地旅游业的发展,具有显著的经济效益和社会效益。

第三节　雨水花园的空间尺度设计

一、雨水安全入渗模型研究

（一）以渗透为主要功能的雨水花园的规模计算

以渗透为主要功能的雨水花园的规模计算常参考以下公式。

（1）渗透设施有效调蓄容积（V_s）见公式（2-1）。

$$V_s = V - W_p$$ （2-1）

式中：V_s 为渗透设施的有效调蓄容积，包括设施顶部和结构内部蓄水空间的容积，单位为 m^3；

　　V 为渗透设施进水量，单位为 m^3；

　　W_p 为渗透量，单位为 m^3。

（2）渗透设施渗透量（W_p）按公式（2-2）进行计算。

$$W_p = K \cdot J \cdot A_s \cdot t_s$$ （2-2）

式中：W_p 为渗透量，单位为 m^3；

　　K 为土壤（原土）渗透系数，单位为 m/s；

　　J 为水力坡降，一般可取 $J = 1$；

　　A_s 为有效渗透面积，单位为 m^2；

　　t_s 为渗透时间，单位为 s，指降雨过程中设施的渗透历时，一般可取 7200 s。

渗透设施的有效渗透面积 A_s 应按下列要求确定。

①水平渗透面按投影面积计算。

②竖直渗透面按有效水位高度的 1/2 计算。

③斜渗透面按有效水位高度的 1/2 所对应的斜面实际面积计算。

④地下渗透设施的顶面积不计。

（二）以储存为主要功能的雨水花园的规模计算

以储存为主要功能的雨水花园，其储存容积应通过"容积法"（公式（2-3））及"水量平衡法"（公式（2-4））计算，并通过技术经济分析综合确定。

$$V = -3H\varphi F \qquad (2\text{-}3)$$

式中:V 为设计调蓄容积,单位为 m^3;

H 为设计降雨量,单位为 mm,按 85% 的年径流控制量计算,则武汉对应的设计降雨量为 $43.3\ mm$;

φ 为综合雨量径流系数,可参照以表 2-1 进行加权平均计算;

F 为汇水面积,单位为 m^2。

$$V = G + V_w + S \qquad (2\text{-}4)$$

式中:V 为计算时段内进入雨水花园的雨水径流量,单位为 m^3;

G 为计算时段内雨水花园种植填料层空隙的储水量,单位为 m^3;

V_w 为计算时段开始与结束时雨水花园内蓄水量之差,单位为 m^3;

S 为计算时段内雨水花园的雨水下渗量,单位为 m^3。

表 2-1　不同地表的径流系数

汇水面种类	雨量径流系数(φ)	流量径流系数(ψ)
绿化屋顶(基质层厚度≥300 mm)	0.30～0.40	0.40
硬屋面、未铺石子的平屋面、沥青屋面	0.80～0.90	0.85～0.95
铺石子的平屋面	0.60～0.70	0.80
混凝土或沥青路面及广场	0.80～0.90	0.85～0.95
大块石等铺砌路面及广场	0.50～0.60	0.55～0.65
沥青表面处理的碎石路面及广场	0.45～0.55	0.55～0.65
级配碎石路面及广场	0.40	0.40～0.50
干砌砖石及碎石路面及广场	0.40	0.35～0.40
非铺砌的土路面	0.30	0.25～0.35
绿地	0.15	0.10～0.20
水面	1.00	1.00
地下建筑覆土绿地(覆土厚度≥500 mm)	0.15	0.25
地下建筑覆土绿地(覆土厚度<500 mm)	0.30～0.40	0.40
透水铺装地面	0.08～0.45	0.08～0.45
下沉广场(50 年及以上一遇)	—	0.85～1.00

注:表中数据参照《室外排水设计规范》(GB 50014—2006)和《雨水控制与利用工程设计规范》(DB 11-685-2013)。

二、雨水花园平面尺寸设计

雨水花园系统设计的各阶段均应体现低影响开发设施在平面布局、竖向、构造方面的特征，并注意其与城市雨水管渠系统和超标雨水径流排放系统的衔接关系等内容。

雨水花园表面积主要由以下因素决定：①雨水花园的深度；②雨水花园处理的雨水径流量；③雨水花园的土壤渗透性；④雨水花园的有效容量。

为较精确地计算雨水花园的表面积，可采用以下几种方法：①基于达西定律的渗透法；②蓄水层有效容积法；③完全水量平衡法。每一种方法都有其优点与局限性，虽结果比较精确，但计算都很烦琐。

雨水花园的表面积与降雨量有关，我国大部分地区处于季风性气候区，降雨量集中于某一时段，极不均衡。如按最大降雨量计算，成本不经济。过大汇水面会带来较高的前期投资和后期管理的诸多问题。可采用精度要求不高的基于汇水面积的比例估算法，同时结合环境现状在景观效果、投资、管理等方面寻找一个平衡点。

（1）汇水面积 $S_{汇}$ 为各雨水收集面乘以其径流系数之和，见公式（2-5）。

$$S_{汇} = S_{屋} \times \varphi_{屋} + S_{地} + S_{草} \times \varphi_{草} \tag{2-5}$$

式中：$S_{屋}$ 为屋顶面积，单位为 m²；

$\varphi_{屋}$ 为雨水花园所承担屋顶径流的径流系数；

$S_{地}$ 为场地中硬化地的面积，单位为 m²；

$S_{草}$ 为场地中被草坪/地被覆盖的面积，单位为 m²；

$\varphi_{草}$ 为草坪/地径流系数，一般取 0.2。

（2）径流量 Q 见公式（2-6）。

$$Q = S_{汇} \cdot h \tag{2-6}$$

式中：h 为当地 24 h 最大降雨量，单位为 m。

确定 24 h 渗水深度 h_0（单位为 m），见公式（2-7）。

$$h_0 = 24 \times r \times 3600 = 8.64 \times 10^4 \times r \tag{2-7}$$

式中：r 为雨水花园的渗透率，单位为 m/s。

由此，综合以上公式，可得雨水花园的面积 $S_花$ 简要计算公式（公式 (2-8)）：

$$S_花 = Q/h_0$$
$$= S_汇 \cdot h/(8.64 \times 10^4 \times r)$$
$$= (S_屋 \times \varphi_屋 + S_地 + S_草 \times \varphi_草) \times h/(8.64 \times 10^4 \times r)$$
$$= 1.1574 \times 10^{-5}(S_屋 \times \varphi_屋 + S_地 + S_草 \times \varphi_草) \times h/r \qquad (2-8)$$

三、雨水花园的竖向尺寸设计

雨水花园的竖向设计是衡量雨水花园雨水收集系统性、蓄渗能力大小的一个重要指标，对工程建设起着很大的制约作用。雨水花园绿地只有竖向上低于周围汇水面，雨水才能更好地汇入其内蓄积、入渗，实现城市雨洪调节、补给地下水的作用，尤其是对于较短时期的降雨蓄容效果尤佳。

雨水花园既能很好地蓄积和入渗建筑物、街道、立交桥等附近的小面积汇水区域的径流雨水，又能在广场、公园、市郊等空旷区域大规模应用，其竖向设计视具体环境而定。在周边排水能顺利汇入雨水花园的前提下，本书认为雨水花园自身的竖向设计主要包括雨水花园表面纵向排水坡度、表面下沉深度、溢水口高度、溢水管理深、池底基础深度等五个部分。

1. 雨水花园表面纵向排水坡度

雨水花园表面纵向排水坡度是保证周边雨水在重力自流作用下汇入雨水花园后，雨水经过表面土壤面层或草坡的排水坡度。若表面纵向排水坡度过小，表面水流速度则较缓，雨水能有较长的入渗时间，但相对比，雨水花园占地面积大，雨水蓄积能力有限。雨水花园表面纵向排水坡度越大，雨水流经表面速度越快，越容易很快形成场地积水，也容易对雨水花园土壤表面的覆盖层、种植层造成冲刷。

设计适宜的表面纵向坡度，有利于有效地收集和引导雨水。坡度应当陡缓结合，使雨水在收集过程中与植物、土壤充分接触，达到净化雨污的目的。表面纵向排水坡度应大于雨水自流坡度，建议取 2% 以上，这样能具备较好的蓄积能力并节约场地空间；若表面排水坡度过大，则雨水对土壤表层的冲刷能力也强，不利于表层稳定和维护管理，故最大表面排水坡度不宜超过 20%,这是适宜的土壤安息角。

田仲通过实验研究观测了 4 种表面纵向排水坡度的草坪绿地径流,发现这些地块草坪绿地上产流的临界降雨量为 9 mm,小于 9 mm 的雨量无论在哪种坡度的地面都没有地表径流的产生。一旦降雨量大于 9 mm,径流都会产生。实验可知,绿地具有很强的渗透作用,随着绿地表面纵向排水坡度的变大,径流效率也会变大。在雨水花园的竖向设计中,渗透型雨水花园要拥有大量的绿地面积,充分利用绿地的较强渗透力。绿地还应尽可能采用较小的坡度设计,坡度越缓地表径流率就越低,同时雨水汇流的速度会减缓,增加了雨水渗透的时间,也增加了渗透量。在做绿地竖向设计时,用跌水式的陡坎处理绿地的高差,将雨水拦蓄起来可以加强雨水的渗透和集蓄。

2. 雨水花园表面下沉深度

雨水花园表面下沉深度指雨水花园绿地低于周边地面的平均深度。为了保证一定的蓄水能力,表面下沉深度通常大于 100 mm、小于 200 mm。蓄水深度控制在 200 mm 以内,是为了防止超过 24 h 仍有大量明水,这容易导致夏季蚊虫滋生。具体尺寸可根据现场条件、植物耐淹性能、土壤渗透性能、雨水花园的面积确定下凹绿地的深度。

3. 雨水花园溢水口高度

雨水花园溢水口高度与雨水花园设计蓄水深度相同,超过该深度的雨水则由溢水管口溢出。高度设置与雨水花园的类型、储水要求、基础入渗率相关。通常入渗型雨水花园的溢流口顶部标高一般应高于雨水花园下沉深度 50～100 mm。

4. 雨水花园溢水管埋深

雨水花园溢水管埋深与溢水管终端管底标高之间存在关联,即溢水管终端管底宜与衔接处的市政排水管标高相同,则雨水花园溢水管的埋深需保证雨水自进入溢水管口后,在自重下能在管内顺畅流入溢水管终端,且与市政管网衔接处至少有 0.5% 的坡度。

5. 雨水花园池底基础埋深

雨水花园池底基础埋深与雨水花园的蓄积深度对应,但通常以不超过 2 m 为宜,因为过深会增加工程量和建设成本;同时应在设施底部渗透面距

离季节性最高地下水位或岩石层小于 1 m 及距离建筑物基础水平距离小于 3 m 的区域内，采取必要的措施以防止次生灾害的发生。

本章从雨水花园的选址和布局要求进行了探讨。近硬化地表的雨水花园能就近消纳雨水、节约成本，但需注意对构筑物的安全防护；远离硬化地表的雨水花园则可能有更大的面积，可引入更多雨水处理方式。雨水花园的布局应协调场地与环境之间的关系，按面积和形状特点可分为点状、线状、面状三种形式，每种形式有不同的场地适应范围。

雨水花园的空间尺度设计分别对其平面尺寸、竖向尺寸进行了探讨，匹配环境的雨水花园尺寸与汇水面积、汇水基底、构造及土壤的渗透率相关。

总之，雨水花园是处理雨水与场地相互平衡关系的系统工程，选址和布局直接影响场地外部形象塑造。雨水花园设计应尽可能协调与环境的关系，解决好雨水的竖向排水、安全入渗问题，为后面有关雨水花园构造、植物筛选、实证建设等问题提供基础支撑。

第三章　雨水花园构造研究

雨水花园的构造是雨水花园营建的基础内容,属于地下隐蔽工程部分,其处理方式直接关联雨水花园的入渗率、净化能力、维护管理难易度、工程造价、调蓄能力和全生命周期长度,同时还影响雨水花园中植物的生长。通过对雨水花园结构层次、材料特性、组合比例等的研究,可以实现不同场地雨水花园的雨水管理,从而发挥其最大的生态效益。

第一节　雨水花园的构造入渗、滞污理论准备

根据雨水花园内部处理介质的不同,可将雨水花园分为排水型和入渗型两种。雨水花园对雨水径流的净化是通过土壤吸附、植物吸收以及微生物降解等反应过程实现的。鉴于雨水径流水质的特点,雨水花园设计一般要求对初期污染物含量较高的雨水径流进行大部分处理,超过设计标准的多余降雨可通过溢流设施直接排入城市雨洪管道。

一、雨水花园的类型

(一) 按渗透措施分类

按照渗透措施分类,雨水花园包括绿地渗透型和设施渗透型两种。

1. 绿地渗透型

绿地渗透是指降水到达地面后,以自然的方式渗入地下,入渗量的多少将随绿地地表特点(如植被情况)、土壤性质、地形坡度、降雨强度、降雨总量的不同而变化。这种类型的雨水花园有如下特点。

(1)生态性突出。绿地入渗的雨水一部分被植物吸收,或通过毛管吸力被保持在土壤中;另一部分则补充地下水,有助于水循环。土壤和植物根系

都可对雨水进行进一步净化，雨水径流中的悬浮物、杂质等被土壤过滤清除。

（2）入渗能力有限。当降雨速度和雨量达到土壤的渗透峰值后，绿地入渗量已经达到饱和，会在地表形成径流，此时雨水花园已经没有任何入渗能力。要解决更多的径流，则需要利用合适的渗透设施进行渗透或者通过排水设施导走。

2. 设施渗透型

设施渗透技术可分为分散渗透技术和集中回灌技术两大类（张钢，2010）。雨水渗透设施可以让雨水回灌地下，补充涵养地下水资源，进一步修复水循环系统，缓解地面沉降。在城市中心区、居住小区、道路、公园绿地等各种区域内，一般雨水花园较多采用分散式渗透方式，这种散布的雨水花园规模大小可因地制宜，设施简单。我国的大多城市采用这种渗透方式更具有实际效果。雨水渗透设施具体包括渗井、渗管、渗透沟槽、渗水水池及透水地面等，这些渗透设施的设计和应用会提高雨水的渗透效率。

美国水土保护局基于土壤在水文方面的土壤渗透性，将土壤分为四种类型（表3-1）。其中A、B类型的土壤渗透性能较好，应尽量保护此类土壤区域不被破坏；C、D类型的土壤渗透性能较差，可用于建设建筑、道路等不透水表面。

表 3-1　基于水文特性的土壤分类方法

土壤类型	土 壤 组 成	透水速率/(μm/s)
A	砂土、壤质土、砂质壤土	≥40
B	粉砂壤土、壤土	10～40
C	砂质黏壤土	1～10
D	黏壤土、粉质黏壤土、砂质黏土、粉质黏土、黏土	≤1

数据来源：王佳《基于低影响开发的场地景观规划设计方法研究》。

马秀梅在论文《北京城市不同绿地类型土壤及大气环境研究》中，分别重复采样了北京地区的居住区绿地、单位附属绿地、城市公共绿地、道路绿地、生产绿地、防护绿地中的土壤，对土壤密度和渗透率等方面进行对比分析，得到北京市城区建成绿地在土壤密度和渗透率方面，与山地相比虽然较差,但并不影响植物的正常生长,其土壤环境符合雨水花园的建造标准。

(二) 按渗透效果分类

雨水花园按渗透效果可分为雨水渗透型和雨水收集型,其中,前者以控制雨水径流为主要目的,而后者以控制径流污染为主要目的。

1. 雨水渗透型——控制径流量

(1) 完全渗透型。

该类型雨水花园强调雨水就地渗入,基本不考虑雨水滞留。建造这种类型的雨水花园的必备条件是土壤要有良好的渗透性,该类型雨水花园重在针对所属地区的城市雨洪调节与地下水的补给。需在水资源相对充足、雨水污染较轻的地区适当布置,通过最少的投资与管理,实现雨水生态最优化。

由于强调完全渗透,完全渗透型雨水花园的土壤雨水渗透率非常高,雨水水质污染控制能力较弱,建造之前需对该地区污染的程度和地基承载安全进行调研,并根据调研结果对雨水水质和地下水位进行监测和控制。

具体表现形式有低势绿地、渗透浅沟、渗透井、渗透塘等多种措施。

(2) 部分渗透型。

部分渗透型雨水花园是指径流流入绿地后大部分被渗透掉,而少部分被滞留利用或排放。这一类以渗透为主,但却结合了雨水收集利用系统,同样要求土壤有较好的渗透性,但加入了雨水收集的部分功能,使区域内的雨水在入渗补充地下水的过程中,水质得到了有效的保证。

根据现状植被、土壤、建筑、广场等具体状况设计渗透设施,超过渗透能力的雨水则通过城市管网进行排放。在地下某一深度铺设盲管收集雨水,先将所有的雨水渗透到地下,然后再排放或循环使用。

部分渗透型的雨水花园多适用于处理水质相对较好的小汇流面积的雨洪,如公共建筑或小区中的屋面雨水、污染较轻的道路雨水、城乡分散的单户庭院径流等。

2. 雨水收集型——控制径流污染

(1) 部分收集型。

雨水收集型的雨水花园更加强调在雨水的收集过程中,对雨水水质起

到的净化作用,在城市中心区、停车场、广场、道路的周边等城市环境污染相对严重的地块比较适用。由于要去除雨水中的污染物质,因此在土壤填料配比、植物选择以及底层结构上需要更严密的设计。

部分收集型雨水花园是以收集雨水、控制径流污染为主,小部分结合雨水渗透设施的雨水花园。这类雨水花园同样适用于有用水要求、水资源有污染的地区。建造时根据用水量要求设计,以此确定集雨面的大小和采取技术措施来提高集雨效率。当收集的雨水超过需求量时,雨水通过土壤渗透或修建渗透设施来处理。

（2）完全收集型。

该类型雨水花园尽可能储存和利用雨水,并借助雨水花园的生态技术充分控制径流污染。干旱地区更注重雨水收集和储存利用。雨水花园绿地应首先保证水量与水质,减少雨水在地面的渗透量,在短时间内将降雨汇集到储水池,并充分净化控制径流污染,然后加以综合利用。

二、雨水花园渗透性

场地内土壤具有良好的渗透性是建造雨水花园的前提,是决定建造何种类型雨水花园的重要指标。设计建造之前,应对雨水花园现状场地进行土壤检测。砂土的最小吸水率为 5.83×10^{-5} m/s,砂质壤土的最小吸水率为 6.94×10^{-6} m/s,壤土的最小吸水率为 4.17×10^{-6} m/s,黏土最小吸水率仅为 2.78×10^{-7} m/s。比较适合建造雨水花园的土壤是砂土和砂质壤土。

当雨水花园的主要功能是控制径流量时,只要土壤的渗透性达到要求即可。测试土壤渗透性的简易方法:挖约 15 cm 深的坑,充满水后如果能在 24 h 内渗完,即适合作为雨水花园的土壤。如果达不到渗透要求,可局部换土以增加土壤渗透性,如采用 50%～60% 的砂土和碎石、20%～30% 的腐殖土、20%～30% 的表层土混合。雨水收集型雨水花园对土质的要求比较高,一般要求为壤质砂土,含 35%～60% 的砂土,土壤中含有大量的直径大于 25 mm 的碎石、木屑、树根或其他腐质材料以及大量的无害草籽等。

雨水花园的设计渗透能力,需要不小于区域内暴雨强度降雨量的要求。雨水花园对雨水的渗透具有显著的雨洪调节作用,但是渗透具有局限性。

在大型公共绿地内也可建设雨水渗透型绿地,却要注意结合相应的溢水管道和雨水集水型设施共同使用。根据雨水水质不同,也可采用初期雨水分流、截污、沉淀等措施。

三、基底材料的选择

雨水花园被认为是消减场地径流量、提升雨水质量的有效措施。雨水花园通常被设计为一种较宽且浅的储水入渗洼地,地下基础常设置双层过滤措施。基底材料需考虑满足以下相关要求。

1. 生态环保无毒害的材料

基底材料埋藏在地下,承担入渗和滞污的双重功能需求,材料首先需要环保,对土壤环境尤其是地下水不造成污染。材料本身容易制作,尽可能采用当地天然材料,不但便于获得,也能较好地回收利用。

2. 净化能力强的多孔材料

净化能力强的基底材料多为表面孔隙率高的材料。多孔介质按成因可分为天然多孔介质和人造多孔介质。天然多孔介质又分为地下多孔介质和生物多孔介质,前者如岩石和土壤,这是雨水花园基底最常用的生态材料,后者如人和动物体内的毛细血管网络和组织间隙,以及植物体的根、茎、枝、叶等。在人工湿地中常利用植物株体来净化水体污染成分。

人造多孔介质种类繁多,如过滤设备内的滤器,铸造砂型、陶瓷、砖瓦、木材等建筑材料,活性炭、催化剂、鞍形填料和玻璃纤维等的堆积体等。

3. 经济易获得的当地材料

材料选择需要兼顾经济性和易获得性。如细砂、碎石等都是常用的相对便宜且易获得的基底材料,另外可以结合废弃建筑材料或生产废料再利用,如煤渣、木屑等。

在部分渗透率较差的地区,如需建造雨水花园,可通过换填不同配比的砂土、人工填料等进行改善。国外研究表明:砂质壤土、含有 5% 蛭石或珍珠岩的砂质壤土、低 pH 值的砂质壤土及活性炭等可作为较好的填料。增加蛭石、珍珠岩能提高 Cu 离子的去除效果,增强渗透及滞留能力,提高吸附能力,并能延长使用寿命,但需要考虑填料的成本、性能,从而进行合理选择(白洁,2014)。

四、基底材料的组合渗透率

根据达西定律 $v=k \cdot j$，饱和土中水产生渗流运动的条件：一种是在附加应力下土的孔隙被挤压、孔隙水渗流排出；另一种是在自重作用下，孔隙中的自由（重力）水自动渗流排出。后者是"自动渗流"，这就需要土层具有一定的透水性。一般情况下，当土的渗透系数 $K<1×10^{-6}$ m/s 时，就视为不透水层，这类土层中的孔隙水在自重作用下不会出现渗流排出现象。

地下水埋深保持在地面以下 3 m，可认为地下水对入渗没有顶托作用。入渗达到恒定后，可以认为入渗过程的水力梯度为 1。当雨水花园蓄水面上形成积水，达到稳定入渗但尚未发生溢流时，任一观测时段（Δt）内雨水花园的雨水入流总量（W_λ）如公式（3-1）所示。

$$W_\lambda = \Delta H \cdot A + K \cdot A \cdot \Delta t \qquad (3-1)$$

式中：ΔH 为计算时段内花园中蓄水深度变化量，单位为 m；

A 为雨水花园的面积，单位为 m²；

K 为雨水花园土壤的入渗率，单位为 m/s；

Δt 为观测时段，单位为 s。

根据公式（3-1），通过监测花园中一定时段内入流总量以及积水深度的变化，土壤的入渗率（K）计算公式如公式（3-2）所示。

$$K = (W_\lambda - \Delta H \cdot A)/(A \cdot \Delta t) \qquad (3-2)$$

五、基底材料组合去污率

径流污染物指标常采用悬浮物（SS）浓度、化学需氧量（COD）、总氮（TN）浓度、总磷（TP）浓度、重金属浓度等表示。其中 SS 常与其他污染物指标具有一定的相关性，故可采用 SS 作为径流污染物控制指标。低影响开发雨水系统的年 SS 总量去除率一般可达到 40%～60%。

年 SS 总量去除率可用下述方法进行计算：

年 SS 总量去除率＝年径流总量控制率×

低影响开发设施对 SS 的平均去除率 　　　(3-3)

城市或开发区域年 SS 总量去除率可通过不同区域、地块的年 SS 总量，去除以年径流总量(年均降雨量×综合雨量径流系数×汇水面积),加权平均计算得出。

　　潘安君、张书函、廖日红、周玉文等人分别在北京城区西部的北京市水科学技术研究院院内外、城区东南部的北京工业大学西校区和城区北部的清华大学校外机动车道采集降雨和地表径流水样,进行雨水径流水质调研分析。2001—2004 年的检测结果表明,北京城区天然降雨的 pH 值为 6.70~7.99,化学需氧量为 5.72~9.62 mg/L,硫酸盐含量为 5.55~18.10 mg/L,氯化物含量为 0.56~1.53 mg/L。根据清华大学校外采样位置一年中天然降雨的检测结果,北京地区天然降雨中主要污染物为氮元素污染,与北京大气污染属于汽车尾气污染型相吻合。

　　屋面径流初期的主要污染物为悬浮物、总氮、总磷、重金属、无机盐等污染物,随着降雨过程的持续,浓度逐渐下降,色度也随之降低。后期屋面径流主要污染物浓度变化趋势基本一致,浓度随降雨历时延长而降低,并且后期径流污染物浓度趋于一个稳定值,化学需氧量范围在 30~100 mg/L,悬浮物浓度范围在 20~200 mg/L,总氮浓度值一般在 2~10 mg/L。对于道路中的径流水质,根据北京城区机动车道路雨水径流监测资料,机动车道雨水径流污染严重,尤其是机动车道的初期径流污染物含量很高,化学需氧量、悬浮物浓度、总氮浓度超过了生活污水的浓度。在机动车道的初期径流主要污染物浓度中,化学需氧量为 50~9000 mg/L、悬浮物浓度为 50~25000 mg/L、总氮浓度为 20~125 mg/L。后期径流中主要污染物浓度中,化学需氧量为 50~900 mg/L、悬浮物浓度为 50~1000 mg/L、总氮浓度为 5~20 mg/L。居住区内道路的初期径流水质主要污染物浓度范围中,化学需氧量为 120~2000 mg/L,悬浮物浓度范围在 200~5000 mg/L,总氮浓度值一般 5~15 mg/L。后期径流水质主要污染物浓度范围中,化学需氧量为 60~200 mg/L,总氮浓度一般在 2~10 mg/L,悬浮物浓度范围在 50~200 mg/L。

　　绿地径流水质中,由于绿地土壤对降雨具有入渗能力,因此一般情况下在降雨初期,绿地一般不产生径流,尤其在较小强度、降雨总量也不大的场次降雨过程中,绿地将不产生径流。若绿地面低于周围硬化铺装 5 cm,遇 5

年一遇降雨时,绿地不产生径流;若绿地面低于周围硬化铺装 10 cm,在 10 年一遇的降雨条件下也不产生径流。即使在降雨强度较大、绿地坡度较大时,由于绿地土壤及种植草坪植被对降雨径流污染物的拦截、过滤与吸附等作用,绿地的径流水质要优于其他形式的下垫面,且变化幅度也较小。绿地径流中主要污染物浓度如下:化学需氧量平均浓度值为 30 mg/L,总氮平均浓度值为 5 mg/L,悬浮物平均浓度值为 100 mg/L。向璐璐在 3 个月内对北京城区某办公大楼附近建造的雨水花园的连续 6 场典型的暴雨进行了监测和数据采集,并进行了研究和分析,同时对其中的主要污染物指标如悬浮物浓度、化学需氧量、总氮浓度、硝态氮浓度、总磷浓度、正磷酸盐浓度、铅离子浓度、锌离子浓度、铜离子浓度、铁离子浓度、浊度、色度等进行采样和数据分析,得出了以下结论:雨水花园对总氮的去除有一定的效果,去除率为 22%～45.4%,对硝态氮、总氮的去除效果相对不稳定,对正磷酸盐无任何去除效果,且出水浓度远大于进水浓度。对 6 场暴雨的化学需氧量数据处理分析结果表明:雨水花园对化学需氧量有较明显的去除效果,去除率为 35%～91.4%。对其中 3 场暴雨的铅离子、锌离子、铜离子、铁离子等重金属数据处理分析结果表明:除铁离子在径流原水中浓度较低之外,雨水花园对其他重金属均有较好的去除效果,去除率均在 80% 以上。

　　通过实验结论我们可以清楚地确定,雨水花园可以有效地去除径流中的污染物,尤其是对化学需氧量、重金属浓度的削减有重要的作用,所以雨水花园的修建对于处理雨水径流污染有着重要的意义。

第二节　雨水花园的构造方式

一、构造层次

　　雨水花园内部结构主要是为了配合其特定的渗水、集水、净化等生态功能而设计建造的。有学者在理论研究基础上建立了雨水花园设计模型,美国的一些州也发布了各自的雨水花园设计指南,但其适用范围需考虑气象条件的差异,有一定的地区适用性。

雨水花园通用建造结构常分为 7 部分（图 3-1），其主要部分的结构说明及深度如表 3-2 所示。

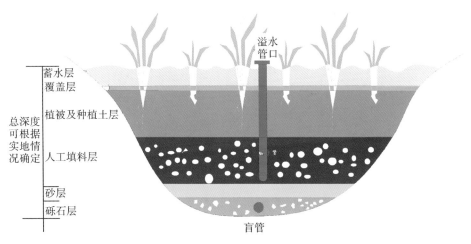

图 3-1　雨水花园常用构造

（图片来源：作者自绘）

表 3-2　雨水花园的结构说明及深度表

结　　构	作用和功能	深　　度
蓄水层	为暴雨提供暂时的存储空间，使部分沉淀物在此沉淀，进而使附着在沉淀物上的金属离子和有机物得以去除	多为 100～250 mm
覆盖层	一般采用树皮、树根或树叶进行覆盖，保持土壤的湿度，避免表层土壤板结而造成渗透性降低，有利于微生物的生长和有机物的降解，有助于减少径流雨水的侵蚀	多为 50～80 mm

续表

结　　构	作用和功能	深　　度
植被及种植土层	种植土层为植物根系吸附以及微生物降解碳氢化合物、金属离子、营养物和其他污染物提供了很好的场所,有较好的过滤和吸附作用	为 250 mm 左右
人工填料层	多选用渗透性较强的天然或人工材料,其厚度应根据当地的降雨特性、雨水花园的服务面积等确定。当选用砂质壤土时,其主要成分与种植土一致。当选用炉渣或砾石时,其渗透系数一般不小于 10^{-5} m/s	多为 0.5～1.2 m
砾石及水管层	由直径不超过 50 mm 的砾石组成,在其中可埋 $\phi100$ mm 的穿孔管,经过渗滤的雨水由穿孔管收集进入邻近的河流或其他排放系统	200～300 mm

资料来源:白洁,北京地区雨水花园设计研究[D].北京:北京建筑大学,2014.

1. 蓄水层

蓄水层位于雨水花园最上层段,作用是暂时滞留、储存雨水,发挥雨洪调节功效,同时沉淀部分沉淀物,并去除附着在沉淀物上的有机物和金属离子。其深度根据周边地形和当地降雨特性等因素而定,一般多为 10～25 cm。

2. 覆盖层

覆盖层常由 3～5 cm 厚的树皮、木屑或者细沙等材料组成,不但能保持土壤的湿度,减少径流雨水对表层土壤的侵蚀,避免土壤板结而导致土壤渗透性能下降,而且还能促进微生物在树皮、木屑、土壤界面上良好的生长和发展,降解有机物,净化水体。其深度一般为 5～8 cm。

3. 植被及种植土层

植被及种植土层拥有很好的过滤和吸附作用。雨水内的碳氢化合物、金属离子、营养物和其他污染物被植物根系吸附和微生物所降解。一般选用渗透系数较大的砂质壤土,其中砂子含量为 $60\%\sim85\%$,有机成分含量为 $5\%\sim10\%$,黏土含量不超过 5%。种植土的厚度根据所种植的植物来确定。草本植物种植土层一般厚度为 25 cm 左右,灌木种植土层厚度常为 $50\sim80$ cm,乔木种植土层厚度则需在 1 m 以上。

4. 人工填料层

人工填料层多选用渗透性较强的天然或人工材料,如砂石、陶粒、煤渣等。具体厚度根据当地的降雨特性、雨水花园的服务面积等确定,多为 $50\sim120$ cm。选用砂质土壤时,其主要成分与种植土层一致。选用炉渣或砾石时,其渗透系数一般不小于 10^{-5} m/s。

5. 砂层

在人工填料层和砾石层之间铺设一层 15 cm 厚的砂层,防止土壤颗粒进入砾石层而引起穿孔管道的堵塞,砂层上下都需用土工布隔离,同时也能通风透气。

6. 砾石层

砾石层为最下部的基础层,常由直径不超过 5 cm 的砾石组成,厚度在 $20\sim30$ cm。

7. 水管

雨水花园中的水管一般有溢水管和穿孔管两种。穿孔管一般埋于下部的砾石层中,经过渗滤的雨水由穿孔管收集进入其他排水系统,以满足雨水净化后的利用要求。溢水管直接接入场地排水系统就近排入其他排水系统,且溢流口设置在雨水花园的顶部。溢水管主要是为了在雨水的收集量超出雨水花园的承载量时能将多余的雨水排出。

雨水渗透型雨水花园结构比较简单,通用建造结构基本相同。只需调整各部分构造比例,保证其设计渗水能力,同时安装溢水管,保证雨水平衡。地下穿孔管盲管是将净化后水质较好的雨水由穿孔管引出,可用于喷洒道路、浇灌绿地等,实现雨水资源充分利用(位置低需要外动力的加入)。

雨水收集型雨水花园结构既要保证雨水收集过程中水质得到净化,又要将净化后可利用的水导出,其结构在通用结构的基础上,增加植被缓冲

带、有机覆盖层、地下穿孔管、溢流管等。

二、雨水平衡系统设计

雨水花园的场地雨水平衡系统是由源头汇聚、就地留滞、雨水净化与入渗、收集与调蓄、多余雨水的溢出与排走几个部分组成。其中"渗"即雨水花园的入渗,与"滞""净"在本书第二章中已有讨论,在此不再专门解释,仅就"汇""集""蓄""溢"做重点讨论。

1. 汇

汇,即雨水花园汇水面、汇水量的确定。硬化汇水面的面积确定后,可通过简化公式计算得到汇水量,如公式(3-4)所示。

$$V_汇 = S_汇 \cdot \gamma \cdot \kappa \tag{3-4}$$

式中:$V_汇$ 为汇水量,单位为 m^3;

$S_汇$ 为有效汇水面积,单位为 m^2;

γ 为计算时段内降雨总量,单位为 m;

κ 为不同流经面的径流系数,为经验系数。

2. 集

集,即管网的雨水收集方式,主要指通过集水管网、导管将多余雨水跟集水设施相连,形成输水连通途径。管底竖向标高的设计是解决场地雨水收集管网布局的关键因素,对整个雨水平衡系统健康运行起着决定作用。

3. 蓄

蓄,即蓄水池及具有雨水储存功能的集蓄设施。常见有钢筋混凝土蓄水池,砖、石砌筑蓄水池及塑料蓄水模块拼装式蓄水池等。用地紧张的城市大多采用地下封闭式蓄水池。蓄水池同时也具有削减峰值流量的作用,其典型构造可参照《国家建筑标准设计图集》中的"雨水综合利用"章节。

蓄水池适用于有雨水回用需求的建筑与小区、城市绿地等,根据雨水回用用途(如绿化浇灌、道路喷洒及冲厕等),配建相应的雨水净化设施,不适用于无雨水回用需求和径流污染严重的地区。

蓄水池具有节省占地、雨水管渠易接入、避免阳光直射、防止蚊蝇滋生、储存水量大等优点,雨水可回用于绿化灌溉、冲洗路面和车辆等,但建设费用高,后期需重视维护管理。雨水贮留方式评估比较见表3-3。

表 3-3 雨水贮留方式评估比较表

贮留方式	优　　点	缺　　点
地面开挖方式	在地面挖方或利用低洼自然地形贮留雨水	管理困难,如易造成溺水,难以清洁等问题
	贮留雨量大,工程造价便宜	占用土地再利用不易
	可增加造景与休憩功能	因暴露于空气中,水质维护不易
	取用雨水较方便	较易淤积
地下贮留方式	地下体以上面积可再多元利用	单位贮留雨水工程造价较高
	水质不易受外界环境影响	无地下水辅助功效
	适合建于高密度人口市区	
	管理容易且无使用的危险性	

4. 溢

雨水花园的蓄水能力针对一定的设计暴雨条件而计算,在设计暴雨条件下,能全部蓄渗暴雨径流。超出设计标准时,多余的径流则通过溢流管网进入城市雨洪排泄系统,保证雨水花园的水平衡和水安全,绿色基础设施需要与灰色基础设施相互补充完善。

计算降雨强度大于临界降雨强度,雨水花园开始积水,雨水花园临界雨强值(I_r)由稳定入渗率(K,单位为 m/s,与土质、土壤含水率等因素有关)和雨水花园汇流面积比(S)共同决定,其关系如公式(3-5)所示。

$$I_r = K/(S+1) \tag{3-5}$$

式中,S 为集水面积与入渗面积的比值,$S+1$ 表明计入了雨水花园本身的降雨;对于大于临界雨强的暴雨强度(I_i),雨水花园在维持稳定入渗率(K)的条件下,蓄水深度(H)与发生溢流所需时间(t_0)间的关系如公式(3-6)所示。

$$H = [I_i \cdot (S+1) - K] \cdot t_0 \tag{3-6}$$

因此,发生溢流所需的时间(t_0)可由公式(3-7)计算。

$$t_0 = H/[I_i \cdot (S+1) - K] \tag{3-7}$$

当某一雨水花园的入渗率(K)、深度(H)和汇流面积比(S)确定时,根据公式(3-5)、公式(3-6)、公式(3-7)可以得到该雨强下雨水花园的溢流时间(T'),若 T' 小于降雨历时(t),则雨水花园发生溢流,溢流量($W_{出}$)可由公式(3-8)计算:

$$W_{出} = I_r \cdot (t - T') \cdot (S + 1) \tag{3-8}$$

三、最适构造结构探讨

(一) 雨水花园降雨模拟实验设计

雨水花园构造层次的不同结构组合,对雨水花园功能的影响非常大,其主要影响因素是构造层次的材料类型、材料厚度两方面。车生泉等(2015)将雨水花园构造层次分为预处理设施、蓄水层、种植层、过滤层、填料层、排水层、渗水设施和溢流设施等8个部分,并在上海市利用其进行了雨水花园的降雨模拟实验。

为保证人工降雨模拟实验的可控性,实验选择在联动温室内进行,实验装置分为模拟降雨器和雨水花园装置两部分。雨水花园装置分为 6 个结构层(图 3-2),包括蓄水层、覆盖层、种植层、过渡层、填料层、排水层以及位于蓄水层上部的溢水口和位于排水层下部的渗水设施(包括渗水管、出水口与集水器)。

模拟实验以种植层材料、种植层厚度以及排水层厚度为实验变量,对不同情况进行了模拟。具体实验设计以及数据统计分析结果等详见《海绵城市研究与应用:以上海城乡绿地建设为例》一书。

(二) 雨水花园最适应用模式

根据室内雨水花园模拟实验结果统计分析,确定了调蓄型雨水花园、净化型雨水花园、综合型雨水花园等三种不同功能雨水花园的最适设计参数,为雨水花园设计提供更加便捷的途径。

1. 调蓄型雨水花园设计参数及应用模式

调蓄型雨水花园适用于地表径流较多但径流污染较轻的场地,具有良好的径流水文方面的改善能力。

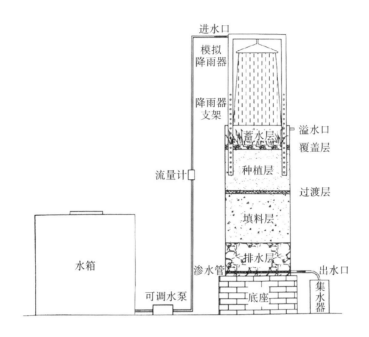

图 3-2　联动温室内人工降雨模拟器以及雨水花园装置

(图片来源:车生泉等,2015)

根据模拟实验的结果分析,建议采用沸石作为填料层填料,以填料层厚度为 50 cm、排水层厚度为 30 cm 的结构参数,来构建对水文特征改善能力较强的调蓄型雨水花园。溢流设施包括贯穿蓄水层厚度方向的溢流管和位于雨水花园底部的溢流排水管,溢流管与溢流排水管连通。溢流管具有溢流口,溢流口上安装有孔隙大小为 10~20 mm 的蜂窝形挡板,蜂窝形挡板高出蓄水层 120 mm。溢流排水管具有 1‰~3‰的坡度,溢流排水管较高一端与溢流管连通,较低一端与附近的排水支管或雨水井连通。同时,调蓄型雨水花园可以与导流设施串联,从而形成分散联系的绿色基础设施系统。例如,在绿地中设置植草沟、阴沟、暗沟等传输装置连通至雨水花园中,增加流入雨水花园的径流量。应用于公园绿地的调蓄型雨水花园剖面图如图 3-3 所示。

2. 净化型雨水花园设计参数及应用模式

由于净化型雨水花园能以较小的面积处理较大汇流面积所收集的径

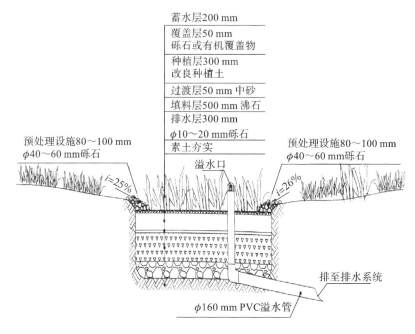

蓄水层200 mm

覆盖层50 mm
砾石或有机覆盖物

种植层300 mm
改良种植土

过渡层50 mm 中砂

填料层500 mm 沸石

排水层300 mm

ϕ10～20 mm砾石

素土夯实

预处理设施80～100 mm
ϕ40～60 mm砾石

预处理设施80～100 mm
ϕ40～60 mm砾石

溢水口

$i=25\%$

$i=26\%$

排至排水系统

ϕ160 mm PVC溢水管

图 3-3　应用于公园绿地的调蓄型雨水花园剖面图

(图片来源:车生泉等,2015)

流,且对污染严重的径流有非常好的处理能力,因此可以应用于广场、道路、停车场等污染较为严重的区域。

　　净化型雨水花园四周应该安排初期雨水弃流装置,将前 15 min 汇集的雨水径流直接排放至污水管网。

　　此外,雨水花园的渗水设施由渗水管和渗水排水管构成,渗水管位于排水层的底部,常采用 ϕ100 mm 的穿孔管,经过系统处理过的雨水径流,由穿孔管收集进入渗水排水管,渗水排水管具有 1%～3% 的坡度,渗水排水管较高的一端与渗水管连通,较低的一端与附近的排水支管或雨水井连通,也可收集净化后的雨水再利用。溢流设施包括贯穿蓄水层厚度方向的溢流管和位于雨水花园底部的溢流排水管,溢流管与溢流排水管连通。溢流管的溢流口上常安装有孔隙大小为 10～20 mm 的蜂窝形挡板,挡板高出蓄水层120～170 mm,溢流管管径为 120～170 mm。具有 1%～3% 的坡度,较高一端与溢流管连通,较低一端与附近的排水支管或雨水井连通。应用于道路绿地的净化型雨水花园剖面图如图 3-4 所示。

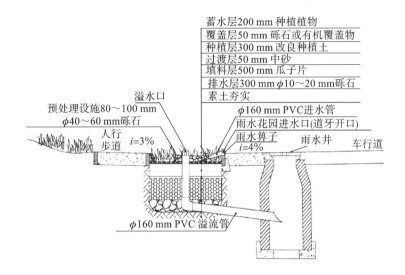

蓄水层200 mm 种植植物
覆盖层50 mm 砾石或有机覆盖物
种植层300 mm 改良种植土
过渡层50 mm 中砂
填料层500 mm 瓜子片
排水层300 mm ϕ10~20 mm砾石
素土夯实

溢水口
预处理设施80~100 mm
ϕ40~60 mm砾石
人行步道
$i=3\%$
ϕ160 mm PVC进水管
雨水花园进水口(道牙开口)
雨水箅子
$i=4\%$
雨水井
车行道
ϕ160 mm PVC 溢流管

图 3-4　应用于道路绿地的净化型雨水花园剖面图

（图片来源：车生泉等，2015）

3. 综合型雨水花园设计参数及应用模式

综合型雨水花园是一种对径流在流量与水质两方面处理能力都非常好的生态技术。由于雨水花园的功能为就地滞留雨水，因此水文、水质方面的权重分别确定为 70%、30%。综合型雨水花园可以应用于公园绿地中的带状公园、街旁绿地以及居住小区绿地，与导流设施串联，如将居住小区建筑落水管直接或通过植草沟等设施连通至雨水花园中，增加雨水花园对径流量的处理率。当雨水花园用于承接屋面雨水径流或者建筑立面冲刷产生的径流等情况时，可在雨水花园预处理设施前段加设明沟、暗沟、植草沟等引流设施。居住小区绿地中综合功能型雨水花园剖面图如图 3-5 所示。

调蓄型、净化型及综合型雨水花园的结构参数与在暴雨情况下的预计功效如表 3-4 所示。

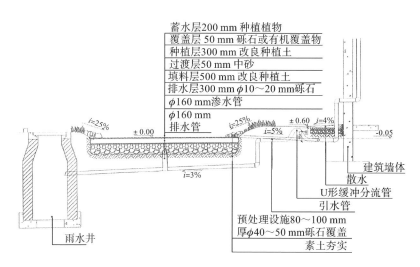

蓄水层200 mm 种植植物
覆盖层50 mm 砾石或有机覆盖物
种植层300 mm 改良种植土
过渡层50 mm 中砂
填料层500 mm 改良种植土
排水层300 mm φ10～20 mm砾石
φ160 mm渗水管
φ160 mm
排水管

建筑墙体
散水
U形缓冲分流管
引水管

预处理设施80～100 mm
厚φ40～50 mm砾石覆盖
素土夯实

雨水井

图 3-5　居住小区绿地中综合功能型雨水花园剖面图

(图片来源:车生泉等,2015)

表 3-4　调蓄型、净化型及综合型雨水花园的结构参数与在暴雨情况下的预计功效

雨水花园类型		调蓄型雨水花园		净化型雨水花园		综合型雨水花园	
设计因素		材料	厚度/mm	材料	厚度/mm	材料	厚度/mm
结构	预处理设施	φ400～600 mm 环坡砾石	—	初期弃流装置	—	φ400～600 mm 环坡砾石	—
	蓄水层		200		200		200
	覆盖层	砾石或有机物覆盖等	50	砾石或有机物覆盖等	50	砾石或有机物覆盖等	50
	种植层	改良种植土	300	改良种植土	300	改良种植土	300
	过渡层	中砂	50	中砂	50～100	中砂	50～100
	填料层	沸石	500	瓜子片	500	改良种植土	500
	排水层	φ10～20 mm 砾石	400	φ10～20 mm 砾石	300	φ10～20 mm 砾石	300

续表

雨水花园类型		调蓄型雨水花园		净化型雨水花园		综合型雨水花园	
设计因素		材料	厚度/mm	材料	厚度/mm	材料	厚度/mm
功能	出流洪峰延迟时间/min	50		30		40	
	洪峰时刻累积削减率/(%)	180		90		110	
	前 1 h 削减率/(%)	40		20		30	
	渗透率/(m/d)	70		40		55	
	蓄水率/(%)	30		30		30	
	COD 去除率/(%)	65		50		45	
	TN 去除率/(%)	60		70		60	
	TP 去除率/(%)	45		65		60	
汇流面积/相关参数		20~25					
面积范围/m²		30±10					
深度范围/m		0.2					
坡度		1/4					

第三节　武汉市降雨资料分析统计

一、全国城市年径流控制分区

理想状态下,径流总量控制目标应以开发建设后径流排放量接近开发

建设前自然地貌(按照绿地考虑)时的径流排放量为标准。

通常绿地的年径流总量外排率为 15%～20%(相当于年雨量径流系数为 0.15～0.20),因此,借鉴发达国家的实践经验,年径流总量控制率最佳为 80%～85%。这一目标主要通过控制频率较高的中、小型降雨事件(通常为一年一遇的 1 小时降雨量标准)来实现。

《海绵城市建设技术指南》对我国近 200 个城市在 1983—2012 年的日降雨量进行了统计分析,分别得到各城市年径流总量控制率及其对应的设计降雨量值关系,并将我国大陆地区大致分为五个区,并给出了各区年径流总量控制率 α 的最低和最高限值,即Ⅰ区(85%≤α≤90%)、Ⅱ区(80%≤α≤85%)、Ⅲ区(75%≤α≤85%)、Ⅳ区(70%≤α≤85%)、Ⅴ区(60%≤α≤85%)。

从《海绵城市建设技术指南》可知,武汉市属于Ⅳ区(70%≤α≤85%)范围,即年总径流控制率为 0.7～0.85。

二、武汉市最近 34 年降雨资料统计分析

统计数据选择了 1980 年 1 月 1 日至 2013 年 12 月 31 日,共 12419 天的武汉市日降雨量作为分析对象。数据来源于中国气象科学数据共享服务网,主要通过查询"地面气象信息",从中国地面国际交换站气候资料日值数据收集中获得武汉市 34 年的日降雨量资料(表 3-5)。

表 3-5 武汉市 1980 年至 2013 年月均、年均降雨量统计表 (单位:mm)

月份 年份	1	2	3	4	5	6	7	8	9	10	11	12	年总降雨量
1980	42.9	38.6	188.0	56.0	145.9	279.6	299.9	423.2	46.2	85.1	17.9	0.3	1623.6
1981	54.6	34.9	113.6	112.5	36.2	223.3	83.9	167.5	63.5	168.7	93.7	1.6	1154.0
1982	29.4	76.8	129.5	68.9	146.4	412.8	205.1	261.4	140.2	20.9	137.4	3.6	1632.4
1983	39.1	16.4	34.2	170.6	191.5	386.6	321.4	115.6	153.0	409.2	35.1	22.2	1894.9
1984	36.0	20.9	54.2	102.0	75.3	452.4	123.2	92.7	45.3	57.4	66.1	83.5	1209.0

续表

月份 年份	1	2	3	4	5	6	7	8	9	10	11	12	年总 降雨量
1985	12.0	51.4	99.4	83.1	252.9	79.0	138.6	34.7	97.4	116.9	43.5	20.8	1029.7
1986	12.5	10.0	78.2	150.5	64.1	166.3	226.4	25.1	129.7	101.7	45.0	40.5	1050.0
1987	58.3	53.1	107.8	149.5	195.8	166.4	175.7	223.4	3.4	229.1	86.9	0	1449.4
1988	16.8	95.9	51.5	39.2	302.1	224.6	84.4	314.4	162.9	30.0	2.3	8.2	1332.3
1989	70.7	107.0	90.1	161.7	172.9	354.9	137.2	163.5	119.9	139.8	113.7	23.5	1654.9
1990	52.0	183.1	94.4	198.2	149.4	219.7	133.2	119.0	38.4	33.7	92.7	41.2	1355.0
1991	53.8	115.4	126.0	171.0	212.0	192.9	720.3	115.0	35.5	5.2	2.3	45.8	1795.2
1992	19.9	29.9	225.0	105.3	144.5	334.1	93.3	43.6	61.8	9.6	15.5	33.9	1116.4
1993	101.0	89.4	131.1	127.1	258.9	138.4	193.4	119.1	204.1	61.6	132.9	27.6	1584.6
1994	24.1	92.5	66.3	105.5	81.6	91.8	318.8	38.6	119.7	27.5	47.8	31.3	1045.5
1995	83.1	43.4	42.1	204.8	262.0	222.8	168.5	153.7	3.0	106.6	0.2	6.1	1296.3
1996	58.0	15.8	154.4	35.9	114.3	312.1	305.2	109.9	40.7	88.2	82.9	2.1	1319.5
1997	56.1	85.9	27.6	64.3	70.0	104.6	294.2	29.6	21.7	48.0	79.1	65.5	946.6
1998	60.8	41.3	124.0	319.3	194.5	95.0	758.4	14.5	25.5	48.5	13.7	33.7	1729.2
1999	25.9	8.4	64.2	229.6	197.5	469.1	77.8	143.2	51.3	86.2	27.4	0	1380.6
2000	107.7	28.6	28.5	22.9	170.9	178.7	44.7	150.1	201.6	149.9	56.7	39.5	1179.8
2001	106.9	57.2	43.1	150.8	100.4	152.2	39.6	22.2	1.0	86.7	50.4	88.9	899.8
2002	34.5	93.4	154.5	333.6	165.7	153.3	204.8	147.1	20.6	58.7	61.2	88.7	1516.1
2003	36.5	98.1	127.8	224.5	97.7	195.7	301.7	93.9	48.1	61.2	79.9	21.0	1386.1
2004	53.5	72.0	40.2	126.0	170.7	322.9	435.7	199.7	53.9	1.3	53.8	42.5	1572.2
2005	32.9	110.6	46.6	65.9	176.6	179.5	108.6	93.0	150.0	8.3	143.4	1.2	1116.6
2006	48.4	89.4	23.9	126.6	184.0	53.2	235.7	107.1	49.0	58.0	48.0	23.8	1047.1
2007	65.8	114.2	108.7	50.3	205.2	126.6	176.5	62.3	14.6	25.7	40.8	32.5	1023.2

69

月份 年份	1	2	3	4	5	6	7	8	9	10	11	12	年总 降雨量
2008	72.4	20.7	79.0	54.3	344.2	129.4	148.1	240.7	40.8	92.5	39.1	5.6	1266.8
2009	18.5	122.9	69.7	197.7	132.1	306.7	95.9	38.8	41.8	23.9	67.7	42.3	1158.0
2010	28.5	49.5	150.6	140.3	138.7	152.7	389.7	83.6	91.0	83.5	14.6	15.2	1337.9
2011	15.6	19.2	32.1	36.2	76.8	433.9	89.4	133.8	59.4	51.5	33.8	5.5	987.2
2012	26.8	41.9	109.4	108.4	238.4	192.1	245.6	131.7	107.8	131.1	30.6	51.7	1415.5
2013	22.4	43.9	90.1	145.7	153.9	256.6	316.2	136.0	207.8	5.6	54.6	1.4	1434.2
月均 雨量	46.39	63.87	91.35	130.54	165.39	228.24	226.21	127.87	77.96	79.76	56.2	27.98	—
年均 雨量	—	—	—	—	—	—	—	—	—	—	—	—	1321.75

数据来源:作者根据"中国地面国际交换站气候资料日值数据集数据"中武汉市日降雨量数据提取统计整理。

经过完整的统计分析发现,降雨为 0 mm 的晴天或阴天共为 8298 天,占总统计天数的 66.82%。微量降雨,即低于 0.1 mm 的日降雨量在本次分析中归为 0 mm 处理,雨量分析数据将有记录的不低于 0.1 mm 日降雨量的天数作为全部统计分析数据,共有 4121 天,见表 3-6。

表 3-6   武汉市 1980—2013 年日降雨量频率统计分析表

统 计 项 目	统计天数 /天	下雨天数 /天	占总天数比例 /(%)	占下雨天数比例 /(%)
全部统计天数	12419	—	100.00	—
无雨天数	8298	—	66.82	—
下雨天数	—	4121	33.18	100.00

续表

统 计 项 目		统计天数 /天	下雨天数 /天	占总天数比例 /(%)	占下雨天数比例 /(%)
日 降 雨 量 /mm	0.1～4.9	—	2310	18.6	56.05
	5.0～9.9		587	4.73	14.24
	10.0～24.9		730	5.88	17.71
	25.0～49.9		317	2.55	7.69
	50.0～99.9		139	1.12	3.37
	100.0～249.9		36	0.29	0.87
	大于等于 250.0		2	0.02	0.05

注：下雨天数是指大于 0.1 mm 日降雨量的天数。

　　由表 3-6 可知，日降雨量在 10 mm 以下的小雨天气占全部降雨天的 70.29%，其中日降雨量 4.9 mm 以内更小降雨天气占这个量级日降雨里面的 79.74%，故可知：①雨量过小相对不容易形成大且流速快的地表径流；②有研究表明，10 mm 以下降雨形成的地表径流污染最严重，如道路雨水的弃流值为前 10 mm 的降雨量，此数据显示，如果采取相关有效的生态降污处理，可以更好地减少市政雨污管网投入，就地防止路面雨污对自然水体的面源污染，道路雨水花园则可以很好地承担这一任务，产生良好的生态利用价值。

　　同样，从表 3-5 中可知：武汉市降雨主要集中在每年的 4—8 月，共 5 个月，月均降雨量在 100 mm 以上，其中以 6 月、7 月两个月最为明显，月均降雨量都在 220 mm 以上。12 月的月均降雨量最少。在 34 年中，月降雨总量存在很大变化，最小月降雨量为 1987 年和 1999 年的 12 月，全月无雨。月降雨量最大的是 1998 年 7 月，这使得全国人民投身抗洪抢险救灾的大运动中，这个黑色 7 月的总降雨量为历史最高纪录：758.4 mm。其次是 1991 年的 7 月，月总降雨量为 720.3 mm，这也是 34 年当中第二高的月总降雨量。

　　不同年份的同一月份中，降雨存在较大差别，具体见表 3-7。除了 1998 年 7 月的超大极值降雨使得该月最大差值达到了 718.8 mm 以外，6 月、8 月甚至 10 月的月降雨总量最大差值都超过了 400 mm，4 月、5 月最大差值也

超过了 300 mm。这说明平时需要注意防范这几个月的月降雨总量分配不均,尽早做好防涝抗旱的准备,防患于未然,这对保障农林牧副渔的安全生产、人民的正常生活、城市的良性运转等都有着重要的指导意义和参考价值。

表 3-7　武汉市 1980—2013 年月降雨总量、降雨年总量极差值统计　(单位:mm)

月份	1	2	3	4	5	6	7	8	9	10	11	12	年总降雨量
月最低	12.0	8.4	23.9	22.9	36.2	53.2	39.6	14.5	1.0	1.3	0.2	0	899.8
月最高	107.7	183.1	225.0	333.6	344.2	469.1	758.4	423.2	207.8	409.2	143.4	88.9	1894.9
差值	95.7	174.7	201.1	310.7	308.0	415.9	718.8	408.7	206.8	407.9	143.2	88.9	995.1

根据分析,武汉市最大设计日降雨量取 100 mm,但从储水调蓄设施的经济合理性以及武汉市建筑排水相关经验值考虑,常取其 30%～50% 作为设计参考,即本书的实践实证取 50 mm 日降雨量作为调蓄存储参考设计指标。

第四节　武汉市雨水花园构造设计

一、城市道路雨水花园构造设计

城市道路面积率指城市建成区内道路(有铺装的宽度在 3.5 m 以上的城市主干路、次干路、支路,不包括人行道和居住区内的道路)面积与建成区面积之比,是反映城市建成区内城市道路拥有量的重要经济技术指标。2013 年,武汉市的道路面积率为 11.6%,道路面积为 3247 万平方米。作为如此大面积的不透水面,同时道路雨污又是城市自然水体非面源污染的主要贡献者,初期雨水的有毒、有害、污染严重,城市道路的路面雨水收集、净化、安全入渗具有重要意义。

1. 与道路、停车场绿地结合的雨水花园构造设计

道路绿地常分为道路中间绿化分车带、道路两侧绿化分车带、道路隙地绿化带等线性绿地，以及交通环岛、停车场等点状绿地。与道路绿地结合的雨水花园，主要结合现有的道路绿地设置，增加由道路绿地构建的雨水花园。常见的做法是首先降低道路绿地标高，将雨水口布置在低于路面标高的线性道路绿地中，让雨水经过道路绿地中的草地、灌木、乔木、土壤下渗，多余雨水通过道路绿地中的溢水口汇聚，排入市政管网或储蓄设备中（图 3-6）。

2. 与人行道树池结合构造设计

人行道树池是很多城市老街、用地有限的街道最常见的街道点状绿地，也是这些街道就近进行雨水生态过滤的主要场所。国内现有建成案例不多，国外有较好的应用（如图 3-7 所示）。这类微型雨水花园依托单个树池，利用单棵行道树、土壤共同承担街道雨水的就近过滤、入渗、雨污吸附工作。树池雨水口一般以种植池草皮为第一道过滤，同样将雨水口置于种植穴范围内，设置溢水雨水口，结合雨水口内部结构改造，如采用生态挂篮、滤网等措施对雨水进行第二次、第三次过滤，将雨水从溢水管口汇入排水管网。

与人行道树池结合的微型雨水花园制作难度较小，布置灵活，应用范围广，基本上只要有行道树的地方都可以采用。缺点是因为靠近道路，储水量不大，放置的排水管常较细，导致管道容易堵塞，不利于日常清理和维护。同时为了人车安全，通常人行道会高于路面，为组织排水入种植池，需要设置一定高度的防护性开口路缘，因此需注意行人安全。在人行道与车行道路面高差不大时，采用侧立式雨水口高度也同样受到限制，容易影响路面排水。

3. 具有势能优势的高架桥下雨水花园构造设计

高架桥具有较大的空中竖向高度，从而使桥面雨水的排放具有了较大的势能优势。我国现有城市高架桥排水多由雨落管直接导入城市排水管网，这对雨水的收集利用，雨污滞留、降解等都不利。尤其是高架桥下多设置有绿地的空间，桥阴绿化植物需水矛盾凸显，具有势能优势的桥面雨水可

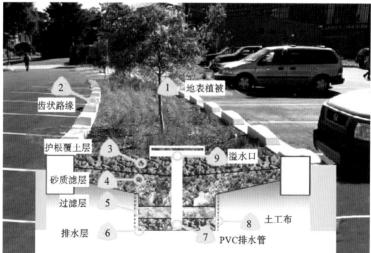

图 3-6　道路雨水花园构造

(图片来源:照片由 Kevin Robert Perry 摄,图片由作者改绘)

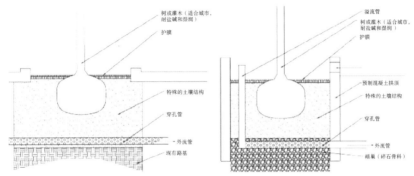

图 3-7　结合行道树设置道路微型雨水树池

（照片来源:豆丁网,www.docin.comp-336855524.html,图片由课题组改绘）

提供有效缓解这一矛盾的可能。因地制宜地就地收集、入渗部分桥面雨水,
对减缓市政雨水管网排水压力也带来一定积极作用。

　　高架桥下雨水花园的设置,主要依托顺墩柱而下的雨落管周边布置。
桥面初期雨水污染重,在落水口的雨水进入雨水花园的同时,如果增加生态
过滤膜网、拦污挂篮等构造,将较大粒径污染物、杂物进行初步截留、过筛,
可有效完成雨污的初级净化。

　　桥阴绿地常因缺少自然雨水的浇淋,桥阴植物生长需水主要靠人工补
水,现状多以洒水车浇灌补水,从而易导致高碳养护问题。在桥阴绿地设置
桥阴雨水花园,其类型以入渗为主,局部场地结合设施储水调蓄回用。在入
渗之前,初期雨水需通过弃流装置分离并单独处理。

桥阴雨水花园的设置,在满足城市交通、高架桥桥墩基础安全的基本前提下,不但可减缓城市高架桥对城市街道排水产生的压力,减少可能的城市街道内涝灾害,还能有效地进行桥面雨水的收集、就地净化以及雨水回收再利用,促进桥下空间景观的提升及城市街道雨水管理系统自然化(图3-8)。

二、高绿地率场地中的雨水花园构造设计

居住小区、大型科技园区、高校校园等专属用地中具备更好的雨水花园营建基底,有较高的绿地率和大的绿化面积,其地形、地势的竖向变化也更加丰富,雨水花园构造设计可以更加灵活多样。

简单入渗型雨水花园可以结合土壤入渗条件对应布置,其溢水可与周边的地形和地势结合,尤其是可与小区的湿地、水池、景观水体连成系统(图3-9)。

首先,复杂型雨水花园可构建相对复杂的雨水收集和利用系统,如与道路结合的雨水收集调蓄系统(图3-10、图3-11),通常降低园区绿地高度,将雨水口置于绿地中,一起构成蓄渗排放系统。其次,对土壤进行改造,添加石英砂、煤灰等提高土壤的渗透性,同时在地下增设排水管,穿孔管周围用石子或其他多孔隙材料填充,使地下具有较大的蓄水空间。超过调蓄量的多余雨水由设在绿地中的雨水溢流口及渗流管排走。

三、建筑周边雨水花园构造设计

建筑周边雨水花园主要收集建筑屋顶雨水,就近入渗。可根据建筑周边绿地的情况灵活设置,尽量使雨水花园与建筑外墙的水平距离在3 m以外。如果用地条件不允许,则需考虑更多采用调蓄型雨水花园构造,在雨水花园内部基础部分采用防水结构,尽量减少渗水对建筑基础的安全隐患。

雨水花园构造属于地下隐蔽工程,是雨水花园发挥功能的基础,其入渗能力、净化能力、调蓄能力都在地下这部分的构造中实现,需要审慎对待。本章对雨水花园的渗透类型、基底材料、构造方式进行了梳理,分析了武汉市1980年1月1日至2013年12月31日这34年的降雨资料,得到了武汉市可起调蓄作用的雨水花园日设计降雨量的经验值,本书采用50 mm日降

图 3-8　高架桥下雨水花园设计

（图片来源：课题组摄、绘）

77

图 3-9 美国 Serramonte 图书馆雨水花园借鉴

(图片来源:筑龙图酷网,http://photo.zhulong.com/proj/detail59912.html)

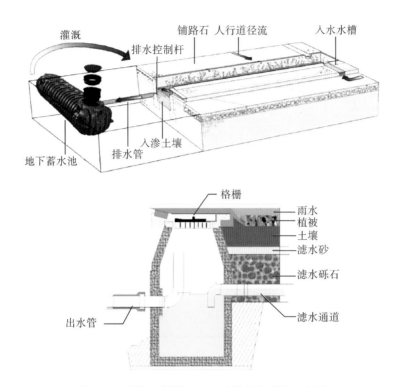

图 3-10 武汉市居住小区雨水收集与利用示意图

(图片来源:张大敏,2013;项目组改绘)

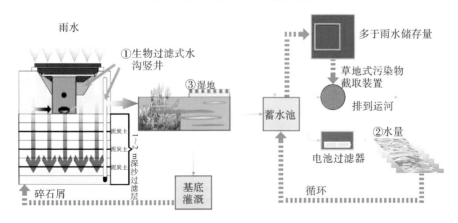

图 3-11 澳大利亚维多利亚公园完整的雨水收集及利用系统

(图片来源:玲珑景观,2014)

雨量为设计降雨量。

  本章解析了适合在武汉市道路、居住小区、校园、独立建筑周边建立雨水花园的构造设计对应的注意事项,结合相关案例的分析和研究,提出了道路系统结合分车带绿地、种植树穴、城市高架桥下空间进行雨水花园设置的思考,并结合设计图,为后面的实证研究提供参考借鉴。

第四章 城市雨水花园植物的筛选与配置

    雨水花园中的植物是构建雨水花园最重要的元素之一,也是城市景观和生态价值重要的体现内容和载体。植物从雨水中吸取成长所需的氮、磷等有机污染化学元素,并吸附水中多种重金属污染物,实现生态净化和降低雨水污染。同时,这些也为植物自身生长提供了养分,形成良性循环。

    雨水花园植物景观设计是雨水花园的重要设计内容,植物选择除了考虑景观功能以外,更重要的是要考虑何种植物能在雨水花园的特殊条件下生长良好,最大限度地发挥其净化功能。国外学者对雨水花园植物的选择与设计进行了较为深入的研究,如美国、澳大利亚及加拿大的学者对不同植物污染物去除能力的差异以及存在这种差异的原因,不同环境因素的影响进行了大量试验研究。研究表明,植物对雨水花园功能的发挥起着重要的作用,合理的植物选择与设计是雨水花园能够更好地发挥并长期维持其功能的关键。

    目前,我国对雨水花园植物的功能及选择原则、设计方法、污染物吸收与净化、雨水滞留与渗透、审美与环境教育及生态功能等方面的研究还较薄弱。雨水花园在设计、实施阶段很难准确选择和应用不同适配植物,对其在这个生长状况下的净化效果、景观组织也存在一定的模糊性,一定程度上制约了雨水花园在城市生态建设中的推广应用。因此,探讨雨水花园中植物的选择原则、设计方法、适生地方植物种筛选推荐的相关研究,都对雨水花园建设具有重要的理论与工程实践意义。

第一节　雨水花园植物选择要求

一、总体植物性能要求

雨水花园的植物不仅可以美化环境,还能有效控制地表径流,改善土壤的粗糙度、抗侵蚀能力,有利于保水固土。植物覆盖度越大,雨水径流量减少越明显。植物根系使土壤相对疏松,降雨的入渗性能也大为提升。

植物配置要综合考虑植物自身的姿态、色彩、质感、花期、植株大小,形成具有野趣的、自然的雨水花园景观。同时植物也可与石材、圆灯、座椅、标识牌等相互搭配,丰富雨水花园的景观类型。为了更好地发挥雨水花园的作用,植物选择应当满足以下几个要求。

(1)以乡土植物、本地植物为主,适当引进外来植物。

(2)以多年生植物为主,且植物能满足短时间耐水涝、较长时间耐旱的水适应特点。

(3)采用无毒、入侵性不明显、无安全影响的植物。

(4)植物搭配讲究季相分明,体现自然趣味。

(5)提倡应用香花类植物吸引蜜蜂、蝴蝶等,尽量提升场地的生物多样性。

(6)根据现状环境条件,科学合理配置植物景观。

二、耐适性要求

雨水花园植物的环境耐适性表现在对水、光、土壤、养护等几个主要环境因子的适应性。

(一)水的耐适性

不同植物对水的要求不同,常分为生长在非常干燥地方的耐旱植物(xerophyte)、生长在水中或者非常潮湿土壤中的水生植物(hydrophyte)、在适当供水情形下生长的中生植物(mesophyte)3种类型。雨水花园植物对水的耐适性包括 3 个主要方面：①雨水多的时候能耐涝、耐淹；②雨水少或缺水的时候能耐旱；③能吸附并净化水污，耐受水体污染。

每种类型的植物都有一定的水耐适性范围，同是水生植物，其对水质、水深、水流速度的要求都有差别，如根据植物与水的生长位置关系常又可分为挺水植物、浮水植物、沉水植物 3 种。只有在对应植物生态习性的范围里植物才能良好生长，并形成高品质的植物景观。

1. 耐淹、耐涝

水生植物对多水情况忍耐度较高，但对于挺水植物、浮水植物，如果水体深度超过一定的限度，也会对生长产生影响。降雨存在时令不均、场次不均等特征，雨水花园虽根据雨水利用类型不同，常允许有一定的淹水水位深度，但为了避免安全隐患和蚊虫滋生，常要求 24 h 内安全入渗收集雨水，见不到明水，这使得植物根部土壤水分也随之有相应的变化。湿生植物也不宜长期浸泡在深水中生长，故通常雨水花园让植物淹水的时间最长不宜超过 48 h。

每一种植物的需水量都有差异，叶面蒸发量及土壤蒸发量的总和视植物种类、气象、土壤的理化性质而定，加上因气温、环境、光线、通风度、盆土性质不同，需水程度也不相同，一般叶片厚的植物比叶片薄的耐旱。在植物养护管理中讲究"见干见湿"，即土干了才浇水，并且要浇透。同时应依据土壤含水量和不同植物种类采用不同的浇灌方式，土壤含水量是影响植物绿化的重要因子之一，如每浇水 10 cm 深能保持较长一段时间的植物需水。故雨水花园植物不宜应用水生植物，少量湿生植物也需要栽种在最低处，满足土壤含水量要求。

2. 耐旱

雨水花园植物宜粗放管理，尽量减少人工补水。因可能很容易遇到很长时间不下雨的情形，这使得雨水花园植物对水的需求性有一个很宽幅的耐受范围，如在耐旱方面能承受长达 1 个月的干旱，还能维持生命。经过长期自然选择的乡土植物能较好地应对当地的气候特征，因此雨水花园中多采用乡土植物，尤其是当地的原生植物会更好地应对水的耐适性问题。

3. 耐水污染

很多水生或湿生植物对水中污染成分有很好的吸附、降解作用，比如雨

污中的氮、磷成分还为植物提供了养料。雨水花园植物需要能吸附并降解水中的有毒或有害物质,但超过植物耐受范围的重金属则会对植物造成毒害,甚至引起植物死亡。因此选择雨水花园植物前需要分析雨水的主要污染成分,采用耐污和降污能力强的植物能更好地应对雨水污染,这对于路面雨污严重的道路雨水花园植物应用尤为重要。

(二) 光耐适性

光是驱动绿色植物光合器官运行最为重要的因子。已有很多学者对不同光环境下植物的光合特性进行了研究,大多研究集中在处于林缘、林窗或人工遮光等特定光环境下的森林植物、实验大棚、实验地。已有研究表明,植物可以通过改变形态和生理结构来适应光环境。幼苗能够通过改变生物量分配模式来适应光环境,林木通过调整叶片种类(阴生叶和阳生叶)、叶聚集程度、叶倾角和叶片气孔导度等适应光环境。

植物按其形态特征通常可分为乔木、灌木、草坪、藤本、地被、竹类、花卉七大类。不同类型、不同品种的植物对光的适应能力也有差异,通常可分为阳性植物、阴性植物、中性植物 3 种。LCP(光补偿点,单位:$\mu\mathrm{mol} \cdot \mathrm{m}^{-2} \cdot \mathrm{s}^{-1}$)、LSP(光饱和点,单位:$\mu\mathrm{mol} \cdot \mathrm{m}^{-2} \cdot \mathrm{s}^{-1}$)、$A_{\max}$(最大净光合速率,单位:$\mu\mathrm{mol}\ \mathrm{CO}_2 \cdot \mathrm{m}^{-2} \cdot \mathrm{s}^{-1}$)等相关光合特性指标值,以及光照时数指标要求是有助于判断植物为阴性、中性还是阳性植物的重要参考指标。

阳性植物是指全光照或强光下生长发育良好,在庇荫或弱光下生长发育不良的植物,一般需光量为全日照(即以太阳东升至西落都能照到阳光的环境所接受的全部光照强度)的 70% 以上。阴性植物是指在较弱光照下比强光下生长良好,且不能忍受强光的植物,需光量一般为全日照的 5%~20%,光照过强会使一些阴性植物叶片失去光泽,发生“叶烁”“烧苗”现象,有的很快死亡。中性植物即介于阳性植物和阴生植物之间的植物,一般对光的适应幅度较大,大多数植物属于此类。另外,太阳辐射不均匀容易引发植物主干倾斜、扭曲等“向光生长”的现象。

雨水花园植物根据所处场地光环境的特点,选择植物种类尽量符合其光环境需求,耐阴植物在强光下容易被灼伤,阳性植物在遮阴条件下会被抑制生长。

（三）土壤耐适性

土壤是植物生存和生长发育的基础，是由固相（矿物质、有机质、生物体）、液相（土壤水分）和气相（土壤空气）所构成的系统，通常固相占一半，其他两相占一半。土壤组分与植物生长密切相关，常用的考核土壤的指标包括植物对土壤酸碱度 pH 值指标适应情况、土壤土质疏松透水性（土壤持水率）、土壤肥沃程度（有机质含量百分比）、电导率等 4 个指标。很多植物喜欢酸性土壤，则应增施有机肥以改良土壤。对土壤水、肥要求不高的植物，其相对耐适性强。

雨水花园植物宜能耐较贫瘠的土壤环境，甚至有一定污染的土壤环境，因此雨水花园植物需要有一定的耐受性，并能主动吸附和降解部分土壤污染。

（四）养护耐适性

耐粗放管理的雨水花园植物，除具有上面 3 项内容较宽泛的耐适性外，还应具有不易生虫，不与周边植物相克，生长速度不会太快，耐汽车尾气污染等特征。

第二节　雨水花园耐适性植物筛选

一、水耐适性筛选

1. 耐污性

大气污染会使得降水直接携带污染物，例如不少城市出现的酸雨。分析部分城市降雨水质可知，天然雨水中含有浓度相对较低的污染成分，如SS、COD、硫化物、氮氧化物等。雨水降落到城市硬质表面，如屋面、道路，所形成的表面径流携带了这些表面上的新污染物，使得雨水尤其是初期雨水的污染加重。路面材料、汽车排放尾气、生活垃圾、裸露或植被地带冲出的泥沙等成分复杂、随机性大，主要污染成分有 COD、SS、油类、表面活性剂、磷氮类营养物、重金属及无机盐类。COD、SS 含量均可能高达每升数千毫克。

雨水花园植物可以吸收、净化雨水径流中携带的多种污染物。与传统工程措施相比，利用植物来转移、容纳或转化污染物，具有成本低、不破坏生态环境、不引起二次污染等优点。因此植物修复已成为景观设计和环境污染治理交叉领域的主要课题内容。

美国学者 Lucas 等（2008）对种植植物和未种植植物土壤的氮、磷等污染物去除效率进行了对比研究。结果表明，种植物的土壤能更有效地吸收、净化雨水中的污染物（图 4-1）。研究还表明，生长速度较快、生物量较大的植物去污效果更佳，同时植物根系的生长可以在一定程度上提升土壤的吸收净化能力。

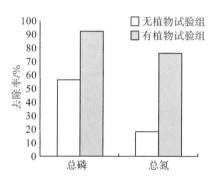

图 4-1　有植物土壤与无植物土壤对雨水径流总磷、总氮降解情况对比

Fletcher 等（2007）、Read 等（2008，2010）针对不同植物种类对雨水中氮、磷的去除能力进行了进一步研究。试验结果表明，不同植物去除污染物的能力具有显著差异，莎草科植物（*Care appressa*、*Ficina nodosa*）、灯芯草属植物（*Juncus*）及玉树（*Melaleuca ericifolia*）表现出了良好的去污性能，而这些植物共同的特点就是根系发达。由此可见，发达的根系在去除雨水中的污染物方面起决定性作用。

不同种植区的水淹情况有所不同，一般可将种植区分为蓄水区、缓冲区和边缘区三个部分，三个分区水淹状况依次递减，植物在这三个分区中的配置要充分考虑到不同植物的耐水、耐旱特性。为了提高对雨水中污染物的去除能力，雨水花园植物需要选择根系发达、净化能力强的植物。

2. 耐湿、耐旱

植物的耐湿、耐旱能力主要表现为对土壤水的适应性特征。土壤水的有效性通常以土壤持水量为上限,凋萎系数为下限,从而决定灌溉允许的土壤最大含水量为土壤持水量,允许最小土壤含水量为凋萎系数。

不同植物对土壤含水量的要求也不同,如侧柏和油松均为耐旱树种,其最小土壤含水量分别为 3.9% 和 4.17%,其适宜的土壤含水量则分别为 8%~18% 和 10%~18%。钱瑭璜测试过 7 种地被植物,发现鹅掌藤、蚌花和白蝶合果芋较耐旱,在土壤含水量为 30%~35% 时仍可生长良好且观赏性不受影响;而红花龙船花、红背桂、水鬼蕉和肾蕨的耐旱性较弱,在上述条件下已出现不同程度的叶片萎蔫、脱落和生长缓慢等现象,其土壤含水量应保持在 55% 以上,避免过度干旱。园林植物最小土壤水分含量的研究,对指导园林绿地的水分管理具有较高的参考价值。

王春晓在研究中发现灯心草和多花蓝果树这两种都是兼具耐湿和耐旱要求的植物。灯心草能帮助减缓水流速度,其根系结构则有助于水渗入并通过土壤,能有效地阻挡雨水径流中的杂质和沉积物。植物种植的密度通常大于城市雨水管理手册所要求的密度,这样做是为了减少维护费用(如除草、灌溉等),同时迅速创造了一处具有美感和吸引力的景观。

二、雨水花园植物光耐适性筛选

本书对城市有建筑物、构筑物遮阴影响下的绿地植物进行过一定的研究积累,提出了基于光合有效辐射(PAR)关联的植物筛选方法。

1. 实验方法

利用 LI-6400XT 光合仪(美国),对有采光影响的绿地中正常健康生长的植物叶片进行光-光响应曲线的测定,旨在了解:①测试植物叶片在外界不同梯度光量子通量密度(PPFD)响应下,对应的光合有效速率(Pn)的变化情况,得到 Pn-PPFD(光合光通量子密度,单位:$\mu mol \cdot m^{-2} \cdot s^{-1}$)的光响应曲线;②通过非直线双曲线方程,求解出该植物光响应曲线中光补偿点(LCP,单位:$\mu mol \cdot m^{-2} \cdot s^{-1}$)、光饱和点(LSP,单位:$\mu mol \cdot m^{-2} \cdot s^{-1}$)、最大净光合速率($A_{max}$,单位:$\mu mol\ CO_2 \cdot m^{-2} \cdot s^{-1}$)等相关光合特性指标值;③依

据求得的光合特性指标值进行耐阴性的聚类分析，得到测试植物正常生长所需要的外界光强类别范围，有利于针对自然光环境配置植物。

2. 测试材料

本书研究者曾针对高架桥下实验地种植的 29 个物种进行光合测试，尝试分析其在遮阴影响下的光适应范围。具体测试实验材料为：八角金盘、金边阔叶麦冬、杜鹃、金丝桃、熊掌木、桂花、石楠、狭叶栀子、红花酢浆草、海桐、瓜子黄杨、法国冬青、夹竹桃、丝兰、鸡爪槭、紫薇、茶梅、南天竹、红叶石楠、洒金桃叶珊瑚、扶芳藤、结香、凌霄、常春藤、大叶黄杨、狭叶十大功劳、爬山虎、花叶络石、棣棠。种植位置如图 4-2 所示，利用 Ecotect 2013 软件分析高架桥下绿地空间光环境情况，结果如图 4-3 所示。

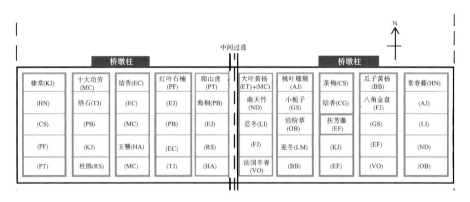

图 4-2　实验地苗木种植位置示意图

(图片来源：作者自绘)

白天自然光下，常见光照度与光合有效辐射强度有如下基本换算关系。

$$11x = 0.0185 \ \mu mol \cdot m^{-2} \cdot s^{-1}$$

$$11x = 0.00402 \ W/m^2$$

从上面两个关系式可知：①1 klx = 18.5 $\mu mol \cdot m^{-2} \cdot s^{-1}$；②1 klx = 4.02 W/m^2；③1 W/m^2 = 248.76 lx；④1 W/m^2 = 4.6 $\mu mol \cdot m^{-2} \cdot s^{-1}$。理清这些转换关系有利于建立物理光环境分析结果和植物需光强度范围之间的互通平台，有助于实际应用。

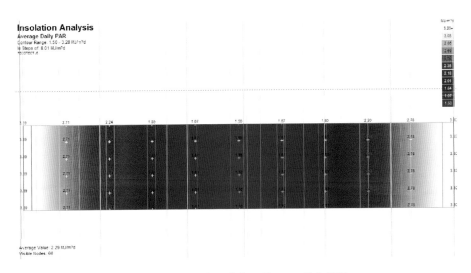

图 4-3 实验地在观察期平均 PAR 分布情况

(注:此分析图为 2013 年 5 月 1 日至 2013 年 10 月 31 日,武汉市三环线高架桥荷叶山段

PAR 分布的 Ecotect 模拟。两边往中间递减,最高 PAR 西面为 3.39 MJ/(m² · d),

东面为 3.3 MJ/(m² · d),中间最低为 1.56 MJ/(m² · d)。图片来源:作者自绘)

3. 实验结果与结论

通过 LCP、LSP、φ 三个因子的综合聚类,结果与 LSP 聚类结果相同,根据上述生长期间平均 PAR 的分析,最高值很少超过 700 μmol · m^{-2} · s^{-1},即 5.48 MJ/(m² · d),除少量地方光强低于桥阴植物补偿点外,其余都在其上,则综合上述分析,将测试地桥阴植物分为 3 个大类、6 个小类,具体见表 4-1。

表 4-1 桥阴植物耐阴性综合分类

大类	划分标准 LSP/ (μmol · m^{-2} · s^{-1})	小类	划分标准 LCP/ (μmol · m^{-2} · s^{-1})	案例数	植 物 种 名
I	<400	A	<22	3	八角金盘、熊掌木、扶芳藤
		B	≥22	2	茶梅、爬山虎

续表

大类	划分标准 LSP/ ($\mu mol \cdot m^{-2} \cdot s^{-1}$)	小类	划分标准 LCP/ ($\mu mol \cdot m^{-2} \cdot s^{-1}$)	案例数	植 物 种 名
Ⅱ	400～700	A	<22	9	桂花、小叶栀子、海桐、南天竹、洒金桃叶珊瑚、棣棠、凌霄、常春藤、花叶络石
		B	≥22	2	金丝桃、金边阔叶麦冬
Ⅲ	>700	A	<22	3	鸡爪槭、红叶石楠、结香
		B	≥22	10	紫薇、法国冬青、杜鹃、狭叶十大功劳、瓜子黄杨、夹竹桃、石楠、丝兰、大叶黄杨、红花酢浆草
合计				29	

Ⅰ类:具有低 LSP(<400 $\mu mol \cdot m^{-2} \cdot s^{-1}$)的植物。根据其光补偿点 LCP 高低又可以分为两小类,即 Ⅰ-A 类(LCP<22 $\mu mol \cdot m^{-2} \cdot s^{-1}$)和 Ⅰ-B类(LCP>22 $\mu mol \cdot m^{-2} \cdot s^{-1}$)植物。Ⅰ-A 类是典型耐阴或阴性植物,能够充分利用弱光,适合在弱光环境下栽培,这类植物不宜布置在强阳光曝晒处。Ⅰ-B 类植物光饱和点较低,能适应桥阴环境,但 LCP 稍高,故布置位置比Ⅰ-A 靠外栽种较好。

Ⅱ类:这类植物适合在有一定遮阴的环境生存,是高架桥下丰富植物种类的主要候选对象,但在布置时需要保证其 LCP 的有效范围,一般在桥下高净空处、近桥边处可以很好地应用。Ⅱ-B 类植物应比Ⅱ-A 类更靠近桥边种植。

Ⅲ类:具有高 LSP(>700 $\mu mol \cdot m^{-2} \cdot s^{-1}$)。根据其 LCP 可以分为两小类,即 Ⅲ-A 类(LCP < 22 $\mu mol \cdot m^{-2} \cdot s^{-1}$)、Ⅲ-B 类(LCP > 22 $\mu mol \cdot m^{-2} \cdot s^{-1}$)。本类植物对 PAR 有较宽泛的利用范围,对生境的光照条件要求不严,根据不同植物 LCP 的具体大小再适当布置其相应位置(图4-4)。为了保证其较好的生长状态,Ⅲ-A 类植物在桥阴绿地配置中,更适宜配置在桥边两侧有阳光直接照射、稍靠里的位置。Ⅲ-B 类植物为典型的喜

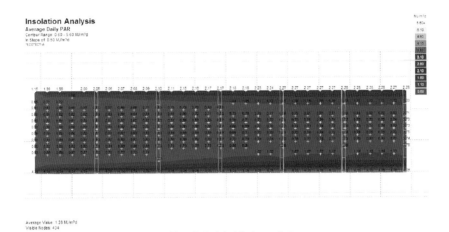

(a)较差走向高架桥下PAR分布

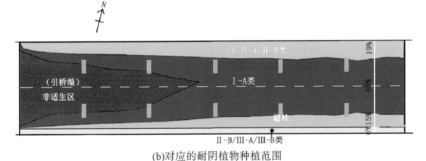

(b)对应的耐阴植物种植范围

图 4-4　武汉市较差走向城市高架桥下 PAR 分布及绿地耐阴植物种植范围

（图片来源：作者自绘）

阳性植物，对光能利用效率较高，适合在全光照下应用，桥阴下除特殊的有强光地段，一般较慎重在桥阴下应用。

　　以上结果对受遮阴影响下的城市雨水花园植物筛选和应用同样有研究方法、研究结果上的参考借鉴，尤其对本书第五章实践中的植物选择提供依据。

第三节　冠层截留雨水能力的植物筛选

一、植物冠层截留技术

　　植物群落作为低影响开发设施的基本构成元素，是在微观尺度城市中绿地可持续雨水管理的媒介之一。研究表明，有植被覆盖的土地降雨下渗量可达 70%～90%，而不透水地表的下渗量仅有 10% 左右，可见植物群落有截留雨水、促进降雨下降的功效。植被叶片可有效截留降雨并减缓径流洪峰。目前对植物冠层截留的研究对象以自然植被为主，包括热带雨林、灌丛、针叶林群落及城市森林等，主要测定方法是水平衡法和浸水法。

二、基于植物冠层雨水截留能力的园林植物排序

　　车生泉等对上海市一些常用园林植物进行了植物冠层雨水截留能力的测定实验，由此得出一些常用园林植物雨水蓄积量排序表，为海绵城市植物筛选提供了新的方向。

　　通过实验，可得到并比较植物冠层雨水截留量，将常见园林植物划分为强雨水截留型、中等雨水截留型及弱雨水截留型 3 种，具体如表 4-2 所示。

表 4-2　上海市城市社区绿地常用园林植物冠层雨水蓄积量排序

	种　　名	生　活　型	单位面积截留容量/mm	叶面积指数
强雨水截留能力 乔木	落羽杉	常绿针叶	5.98	5.10
	雪松	常绿针叶	3.62	3.07
	龙柏	常绿针叶	3.54	6.37
	枇杷	常绿阔叶	3.47	3.47
	水杉	落叶针叶	2.77	3.17
	广玉兰	常绿阔叶	2.49	2.96
	梧桐	落叶阔叶	2.10	2.51

续表

种　名		生　活　型	单位面积截留容量/mm	叶面积指数
强雨水截留能力	灌木	龙柏球	常绿针叶	7.72	5.31
		春鹃	常绿阔叶	3.94	5.23
		火棘	常绿阔叶	3.28	5.24
		小叶黄杨	常绿阔叶	3.19	4.56
		红花檵木	常绿阔叶	3.16	4.57
		慈孝竹	常绿阔叶	2.65	6.86
		海桐	常绿阔叶	2.56	5.56
		木芙蓉	落叶阔叶	2.49	3.64
	草本	细叶沿阶草	常绿草本	3.22	8.83
		大花马齿苋	常绿草本	2.55	4.13
中雨水截留能力	乔木	石榴	常绿阔叶	1.69	3.56
		榉树	落叶阔叶	1.61	2.80
		香樟	常绿阔叶	1.60	2.71
		罗汉松	常绿针叶	1.52	3.89
		悬铃木	常绿阔叶	1.28	2.21
		蚊母树	常绿阔叶	1.14	5.10
		龙爪槐	落叶阔叶	1.10	3.42
		棕榈	常绿阔叶	1.03	2.44
		蒲葵	常绿阔叶	1.03	2.44
		乌桕	落叶阔叶	1.02	2.70
		桂花	常绿阔叶	0.95	4.45
		黄山栾树	落叶阔叶	0.93	2.15
		女贞	常绿阔叶	0.87	1.87
		日本晚樱	落叶阔叶	0.86	2.15
		山茶	常绿阔叶	0.85	3.95

续表

	种　名	生　活　型	单位面积截留容量/mm	叶面积指数
灌木	八角金盘	常绿阔叶	1.86	5.60
	日本珊瑚树	常绿阔叶	1.72	5.43
	龟甲冬青	常绿阔叶	1.55	4.89
	椤木石楠	常绿阔叶	1.52	4.81
	洒金桃叶珊瑚	常绿阔叶	1.51	5.65
	苏铁	常绿阔叶	1.35	3.38
	小叶女贞	常绿阔叶	1.30	4.16
	南天竹	常绿阔叶	1.29	3.97
	水栀子	常绿阔叶	1.22	4.74
	结香	落叶阔叶	1.21	2.14
	金丝桃	常绿阔叶	1.14	3.39
	云南黄馨	常绿阔叶	1.10	5.42
草本	络石	常绿藤本	1.98	7.56
	阔叶麦冬	常绿草本	1.77	5.41
	芭蕉	常绿草本	1.38	4.30
	花叶蔓长春	常绿草本	1.07	3.37

中雨水截留能力

续表

种　名		生　活　型	单位面积截留容量/mm	叶面积指数
弱雨水截留能力	乔木 加拿利海枣	常绿阔叶	0.76	2.11
	鸡爪槭	落叶阔叶	0.73	2.53
	桃树	落叶阔叶	0.68	1.74
	杜英	常绿阔叶	0.67	1.92
	合欢	落叶阔叶	0.67	1.45
	白玉兰	落叶阔叶	0.66	1.73
	红叶李	落叶阔叶	0.65	2.55
	银杏	落叶阔叶	0.58	1.71
	紫薇	落叶阔叶	0.57	1.66
	垂丝海棠	落叶阔叶	0.56	1.78
	紫荆	落叶阔叶	0.37	2.37
	无患子	落叶阔叶	0.33	0.88
	垂柳	落叶阔叶	0.26	2.09
	灌木 夹竹桃	常绿阔叶	0.96	4.60
	狭叶十大功劳	常绿阔叶	0.95	3.55
	全缘枸骨	常绿阔叶	0.87	2.64
	蜡梅	落叶阔叶	0.85	4.51
	木槿	常绿阔叶	0.84	2.56
	大叶黄杨	常绿阔叶	0.83	4.44
	紫叶小檗	常绿阔叶	0.49	1.99
	草本 鸢尾	多年生草本	0.88	3.35
	美人蕉	常绿草本	0.43	5.71

第四节　雨水花园植物养护管理建议

1. 专业性管理和粗放性管理结合

雨水花园中植物选择在符合本章第一节中特性相关要求前提下,在具体应用中,应尽量满足雨水花园特殊的环境条件、水文、土壤情况,这样才能充分发挥植物的功能特性及景观特性。

专业性管理是指了解所应用植物的相关特性,充分考虑植物正常生长所受影响的相关因子,将其布置在场地中相对最合适的位置,并对应进行针对性的水肥管理。雨水花园植物优先选择乡土植物并"慎用外来物种",确保各物种之间不存在负面影响。尽量选择根系发达,净化能力、耐水污染性好,既耐短期水淹又有一定耐旱能力,耐空气污染、土壤紧实等不良城市环境的植物。

粗放性管理是指栽种成活后,基本上仅需要投入较少的人工管理力度即可获得稳定、良性的植物景观。提高雨水花园的景观性、生物多样性、稳定性及功能性,尽量选择多年生植物及常绿植物,以减少养护成本。专业性管理与粗放性管理两者结合应用,主要体现在栽种中具有较严格专业选择和项目布置,养护时具有粗放性,实现雨水花园的低碳、生态特性。

2. 经济性与易操作性管理相结合

养护管理需要低成本并兼顾易操作。雨水花园植物应选择适配性强,在抗逆性、生态稳定性等方面优势比较明显,管护操作方便,养护成本低的乡土树种。

第五节　适合武汉地区雨水花园的
植物种类推荐

雨水花园植物多以灌木和多年生草本为主,基本性能符合表 4-3 中的筛

选要求,通过以下条件进行推荐:①全日照采光、受遮阴影响的不同光环境;
②场地土壤不同立地条件;③雨水花园构造类型对应的基础雨水情况,结合
实践考察、相关文献研究、相关专业网站查询、课题组桥阴下试种观测、实验
测试进行推荐。

表 4-3 武汉地区雨水花园推荐植物名录及基本特性

大类	序号	名称	基 本 特 性	大类	序号	名称	基 本 特 性
乔木	1	桂花	常绿灌木或小乔木。喜温暖湿润,耐高温不耐寒,对 Cl_2、SO_2 有较强抗性,中度耐阴。秋季香花植物	乔木	2	三角枫	落叶乔木。弱阳性,稍耐阴;喜温暖湿润气候及酸性、中性土壤。秋季树叶变红
	3	鸡爪槭	落叶小乔木。喜疏阴环境,夏日忌曝晒;抗寒、抗旱性强。秋色叶树		4	石楠	常绿乔木。喜温暖湿润,喜光也耐阴,对土壤要求不高,萌芽力强,耐修剪,对烟尘和有毒气体有一定抗性
	5	紫薇	落叶灌木或小乔木,耐旱、怕涝,喜温暖潮润,喜光、喜肥;抗 SO_2、HF 及 N_2 性强,能吸入有害气体。夏季观花		6	蜡梅	落叶丛生灌木。冬季观花。喜阳,能耐阴、耐寒、耐旱,忌渍水

续表

大类	序号	名称	基 本 特 性	大类	序号	名称	基 本 特 性
灌木	1	八角金盘	常绿灌木。叶大,掌状,优良的观叶植物。喜阴湿温暖气候,不耐旱和严寒,抗SO_2性较强	灌木	2	阔叶十大功劳	常绿灌木,观赏效果好。耐阴,喜暖湿气候,不耐寒。对土壤要求不高
	3	熊掌木	常绿性藤蔓植物,高1 m以上。阳光直射时叶片会黄化,具强耐阴能力		4	八仙花	落叶花灌木。高1~4 m,喜温湿和半阴环境,60%~70%遮阴最为理想。短日照植物
	5	洒金桃叶珊瑚	常绿灌木,喜湿润、排水良好、肥沃土壤。极耐阴,夏季怕曝晒。不耐寒。观叶树种。对烟尘和大气污染抗性强		6	雀舌黄杨	常绿小乔木或灌木,成丛。喜温湿和阳光充足的环境,耐干旱和半阴。耐修剪,较耐寒,抗污染。景观效果好
	7	小叶栀子	常绿灌木。香花植物。喜温湿和光照充足、通风良好的环境,忌强光曝晒。宜用疏松肥沃、排水良好的酸性土壤种植		8	木槿	落叶灌木,高3~4 m。适应性强,喜阳光也能耐半阴。耐寒,较耐瘠薄,耐修剪。抗烟尘,抗HF。观花、绿化效果好
	9	海桐	常绿灌木或小乔木,高3 m。耐寒耐暑热。对光照适应能力较强,半阴地生长最佳。可作绿篱和孤植。抗海潮及毒气		10	山茶	常绿灌木和小乔木。观花。喜半阴、忌烈日,喜温湿气候,忌干燥,喜肥松的微酸性土壤

续表

大类	序号	名称	基本特性	大类	序号	名称	基本特性
灌木	11	红叶石楠	常绿灌木或小乔木,叶革质,春季新叶红艳,夏绿、秋、冬红色。适应性强,耐低温、耐旱、耐瘠薄、较耐盐碱性。喜强光照,也能耐阴,在直射光照下,色彩更鲜艳	灌木	12	瑞香	常绿小灌木,3—5月开花,浓香。丛生,性喜阴,忌阳光曝晒,喜肥湿的微酸性壤土。耐修剪,病虫害少
	13	金丝桃	半常绿灌木。喜温湿气候,喜光,略耐阴,耐寒,对土壤要求不高。花期5—6月,金黄色,观花灌木		14	胡颓子	常绿灌木,高4 m,有刺。耐阴力较强,耐干旱、瘠薄,不耐水涝。花期9—11月,果实美艳
	15	南天竹	小檗科常绿灌木。钙质土壤指示植物。喜温湿及通风良好的半阴环境。较耐寒		16	毛白杜鹃	半常绿灌木。花白色、芳香,花期4—5月。喜半阴温凉气候、酸性土壤,忌碱忌涝,不耐寒
	17	结香	瑞香科结香属,落叶灌木。早春花木。喜半阴,也耐日晒。喜温暖,耐寒性略差。根肉质,忌积水		18	连翘	木犀科落叶灌木。早春先花后叶,观花灌木。喜光,能弱耐阴;耐寒、耐瘠薄,怕涝;不择土壤;抗病虫害能力强

99

续表

大类	序号	名称	基 本 特 性	大类	序号	名称	基 本 特 性
灌木	19	棣棠	落叶花灌木。土壤要求不高,性喜温暖、半阴之地,较耐寒,花期4—6月,黄色	灌木	20	金缕梅	落叶灌木或小乔木,2月前后先花后叶,花簇生,金黄。喜光,耐半阴,喜温湿气候,土壤要求不高
	21	杜鹃	常绿灌木或小乔木,种类多。喜凉爽、湿润气候,恶酷热干燥。喜腐殖质及酸性土壤。不耐曝晒,夏秋宜遮阴		22	金边六月雪	常绿或半常绿丛生小灌木。喜温湿气候。喜半阴半阳,畏烈日曝晒。喜疏松肥沃、排水良好之中性及微酸性土壤,抗寒力不强
	23	瓜子黄杨	黄杨科常绿灌木或小乔木。观叶类植物,耐阴,喜光,但长期荫蔽环境易导致枝条徒长或变弱。生长慢,耐修剪,抗污染		24	构骨	常绿灌木或小乔木。喜光,稍耐阴;喜温湿气候及排水良好微酸性土壤,耐寒性不强;抗有害气体。生长缓慢;耐修剪
	25	丝兰	常绿灌木。土壤适应性很强,性喜阳光充足及通风良好的环境,耐寒。花簇状,白色		26	白鹃梅	落叶灌木。喜光,耐旱,稍耐阴,喜温湿气候,抗寒力强,对土壤要求不严。花期4月

续表

大类	序号	名称	基 本 特 性	大类	序号	名称	基 本 特 性
灌木	27	含笑	常绿灌木或小乔木。花香袭人,花期3—4月。喜暖湿,不耐寒。夏季宜半阴环境,忌曝晒。其他时间需阳光充足	灌木	28	山麻杆	落叶丛生小灌木,早春嫩叶鲜红。阳性树种,喜光稍耐阴,喜温湿气候,对土壤的要求不高,萌蘖性强,抗旱能力弱
	29	水果蓝	香料植物。小枝四棱形,全株被白色绒毛。对环境有超强耐受能力。叶片全年淡蓝灰色,与其他植物形成鲜明对照		30	卫矛	常绿灌木。耐寒、耐阴、耐修剪,生长较慢。嫩叶及霜叶均紫红色。蒴果美观,观赏效果佳
	31	红花檵木	金缕梅科常绿灌木或小乔木,花期4—5月。喜光,稍耐阴,但阴时叶色易变绿。适应性强,耐旱。喜温暖,耐寒冷,耐修剪		32	雀梅藤	落叶藤状或直立灌木,喜半阴,喜温湿气候,能耐寒。小枝具刺,互生或近对生,褐色,被短柔毛
	33	龟甲冬青	常绿小灌木。多分枝,小叶密生,叶形小巧,叶色亮绿。观赏价值好。喜光,稍耐阴,喜温湿气候。较耐寒		34	金银木	落叶丛生灌状小乔木。喜光,耐半阴、耐旱、耐寒。喜湿润肥沃及深厚之土壤。管理粗放。果实为鸟类美食

续表

大类	序号	名称	基 本 特 性	大类	序号	名称	基 本 特 性
灌木	35	法国冬青	常绿灌木或小乔木。能吸有害气体和烟尘，厂区绿化常用。喜温湿润气候。酸性和微酸性土均能适应。喜光亦耐阴。特耐修剪	灌木	36	小蜡	半常绿灌木。叶革质，喜光，稍耐阴；较耐寒，耐修剪。对土壤湿度较敏感，干燥瘠薄地生长发育不良
	37	茶梅	常绿灌木，观花效果好。喜光，也稍耐阴，阳光充足处花朵更为繁茂。喜温湿气候，宜长在排水良好、湿润的微酸性土壤		38	小叶女贞	落叶或半常绿灌木。喜光，稍耐阴；较耐寒；对 Cl_2、SO_2 等毒气有较好的抗性。耐修剪
	39	夹竹桃	常绿直立大灌木，观花。汁液有毒。喜光，喜温湿气候，不耐寒，忌水渍，能耐空气干燥		40	大叶栀子	常绿灌木。香花植物。喜光照，忌强光曝晒。pH $5\sim6$ 的酸性土壤中生长良好
	41	大叶黄杨	常绿灌木或小乔木。喜光，亦较耐阴。喜温湿气候，较耐寒。极耐修剪整形		42	木本绣球	落叶或半常绿灌木。观花效果好。喜光，略耐阴。耐寒、耐旱
	43	狭叶十大功劳	常绿小灌木，喜温湿气候，喜光也较耐阴湿，对土壤要求不严。秋冬季观赏效果佳		44	天目琼花	落叶灌木。喜光又耐阴；耐寒，喜夏凉湿润多雾环境；花期 5—6 月。观花观果效果好

续表

大类	序号	名称	基 本 特 性	大类	序号	名称	基 本 特 性
灌木	45	大花六道木	半落叶到常绿的观赏性花灌木。耐旱、瘠薄;萌蘖力很强,可反复修剪	灌木	46	小檗	落叶小灌木。喜光也耐阴,喜温凉湿润环境,耐寒,也较耐旱瘠薄,忌水涝。观花观果效果好
	47	金边黄杨	常绿灌木或小乔木,中性,喜温湿气候。观叶为主		48	金钟花	落叶灌木。喜光,略耐阴。喜温湿环境,较耐寒。适应性强,耐干旱、较耐湿。萌蘖力强
	49	千头柏	常绿灌木。适应性强,需排水良好。喜光,过度遮阴易使植株枝叶稀疏,不利于造型		50	蜡瓣花	落叶灌木。早春先花后叶。喜阳光,也耐阴,较耐寒,喜温湿、富含腐殖质的酸性或微酸性土壤。萌蘖力强
	51	云南黄馨	常绿半蔓性灌木。3—4月开花,喜光稍耐阴,喜温湿气候		52	蔷薇	落叶灌木。茎细长,蔓生。春季观花效果好。适应性广
	53	铺地柏	常绿匍匐小灌木。喜光,稍耐阴,适生于滨海湿润气候;耐寒力、萌蘖力均较强。阳性树。喜石灰质的肥沃土壤		54	四照花	落叶灌木或小乔木。性喜光,亦耐半阴,喜温暖气候和阴湿环境。初夏开花,良好的观花植物

103

续表

大类	序号	名称	基 本 特 性	大类	序号	名称	基 本 特 性
多年生草本	1	细叶麦冬	多年生草本。喜半阴,湿润而通风良好的环境,耐寒性强	多年生草本	2	黄荆	落叶灌木或小乔木。枝叶有香气,生于向阳坡地
	3	沿阶草	多年生草本。长势强健,耐阴性强;植株低矮,根系发达,覆盖效果较快		4	红花酢浆草	多年生草本。自春至秋开花,粉红,耐寒性不强、但耐热、耐阴
	5	马尼拉草	暖季型草坪草系列。耐践踏、耐修剪、耐寒、耐旱		6	金边阔叶麦冬	常绿或落叶多年生草本。在潮湿、排水良好、全光或半阴的条件下生长良好。观赏性强
	7	单花鸢尾	多年生矮小草本。花期5—6月。喜阴,湿润环境		8	草地早熟禾	多年生草本植物。适宜气候冷凉,湿度较大的地区生长。耐旱性稍差,耐践踏。喜光耐阴。夏季停止生长
	9	石蒜	多年生草本。喜阴湿,耐寒性强。先花后叶,观赏效果好		10	匍匐剪股颖	多年生草本。喜冷凉湿润气候,耐阴性强。耐寒、耐热、耐瘠薄、较耐践踏、耐低修剪

续表

大类	序号	名称	基 本 特 性	大类	序号	名称	基 本 特 性
多年生草本	11	葱兰	多年生常绿球根草花。喜阳光充足,耐半阴和低湿;喜肥沃、带有黏性而排水好的土壤	多年生草本	12	万年青	多年生常绿草本。叶自根状茎丛生,质厚;喜半阴、温暖、湿润、通风良好的环境;不耐旱,稍耐寒;忌阳光直射、忌积水
	13	玉簪	多年生草本。耐寒,喜阴湿环境,不耐强光照射。要求土层深厚,排水良好且肥沃的砂质壤土		14	野菊花	多年生草本。花期9—11月,可入药。适应性强
	15	萱草	多年生宿根草本花卉。花鲜艳。耐寒,适应性强,喜湿润也耐旱;喜光又耐半阴		16	紫茉莉	多年生草本花卉。花香。各种颜色。性喜温和而湿润的气候,不耐寒,在略有荫蔽处生长更佳
	17	红花韭兰	多年生草本。喜光,耐半阴。喜温暖环境,但也较耐寒。土层深厚、地势平坦、排水良好的壤土或沙壤土。怕水淹		18	白芨	多年生草本。高15～70 cm,花期4—5月,生林下阴湿处或山坡草丛中。可入药
	19	石菖蒲	禾草状的多年生草本。根茎具气味。喜阴湿环境,不耐阳光曝晒,不耐干旱,稍耐寒		20	紫叶酢浆草	多年生宿根草本。叶丛生,大而紫色。对光敏感,花朵仅晴天开放。喜湿润、半阴且通风良好的环境,也耐干旱

105

续表

大类	序号	名称	基 本 特 性	大类	序号	名称	基 本 特 性
多年生草本	21	吉祥草	多年生常绿草本。喜温湿环境,较耐寒耐阴,对土壤的要求不高,适应性强	多年生草本	22	美丽月见草	多年生低矮草本。非常耐旱,适应范围广。花期4—10月,花粉红,效果好。自播能力强。喜光,耐寒,忌积水
	23	金边过路黄	报春花科、珍珠菜属,常绿宿根彩叶草本植物。株高约10 cm,枝条匍匐生长,叶色金黄艳丽。耐低温,抗逆性强,稍耐阴		24	蛇莓	多年生草本。茎细长,匍状,节节生根。花、果、叶均有较好的观赏性。适应性强,较耐阴
	25	大花葱	多年生球根花卉,是花径、岩石园或草坪旁装饰和美化的品种,主要分布在我国北方地区。花期春、夏季,性喜凉爽、阳光充足的环境,忌湿热多雨,忌连作、半阴,适温15～25 ℃。要求疏松肥沃的砂壤土,忌积水		26	百合	多年生草本球根植物,原产于中国。花期6、7月,喜凉爽,较耐寒。高温地区生长不良。喜干燥,怕水涝。对土壤要求不高,黏性土不宜栽培

续表

大类	序号	名称	基 本 特 性	大类	序号	名称	基 本 特 性
多年生草本	27	天胡荽（铜钱草）	伞形科-天胡荽属。常见于中国大陆各地。花期4月,果期7月。性喜温暖潮湿,栽培处忌阳光直射,栽培土不拘,或用水直接栽培,最适水温22～28℃。耐阴、耐湿,稍耐旱,适应性强。种植容易,繁殖迅速,水陆两栖皆可	多年生草本	28	紫娇花	石蒜科-紫娇花属多年生球根花卉。花期5—7月。喜光,栽培处全日照、半日照均理想。喜高温,耐热,生育适温24～30℃。对土壤要求不严,耐贫瘠。肥沃而排水良好的砂壤土或壤土开花旺盛
	29	紫叶千鸟花	柳叶菜科-山桃草属,多年生宿根草本,是新型观叶观花植物,可用于花园、公园、绿地中的花坛、花境,或做地被植物群栽,与柳树配植或用于点缀草坪效果甚好。花期5—11月,性耐寒,喜凉爽及半湿润环境.要求阳光充足、疏松、肥沃、排水良好的砂质壤土		30	紫三叶草	豆科-车轴草属多年生常绿草本,观叶植物,适应性强,喜光,稍耐阴,不择土壤,耐寒耐旱。适合片植营造优良的地被景观或花坛镶边、点缀花境增强色彩的丰富度

续表

大类	序号	名称	基 本 特 性	大类	序号	名称	基 本 特 性
多年生草本	31	矮生蒲苇	禾本科,芦竹亚科蒲苇属。性强健,耐寒,喜温暖湿润、阳光充足气候	多年生草本	32	花叶芦竹	禾本科-芦竹属多年生挺水草本观叶植物。我国广泛分布,常生于河旁、池沼、湖边。花果期9—12月。喜光、喜温,耐水湿,也较耐寒,不耐干旱和强光,喜肥沃、疏松和排水良好的微酸性砂质土壤
	33	斑叶芒	禾本科-芒属多年生草本,喜光,耐半阴,性强健,抗性强。分布于华北、华中、华南、华东及东北地区		34	水葱	莎草科-藨草属多年生宿根挺水草本植物。常生长在沼泽地、沟渠、池畔、湖畔浅水中。国内外均有分布
	35	花叶美人蕉	美人蕉科-美人蕉属,是美人蕉的园艺变种,分布于印度以及中国的南北各地等地。花期7—10月,性喜高温、高湿、阳光充足的气候条件,喜深厚肥沃的酸性土壤,可耐半荫蔽,不耐瘠薄,忌干旱,畏寒冷,生长适温23~30℃		36	千屈菜	千屈菜科-千屈菜属多年生草本,花期夏季。生于河岸、湖畔、溪沟边和潮湿草地。喜强光,耐寒性强,喜水湿,对土壤要求不严,在深厚、富含腐殖质的土壤中生长更好。全中国各地均有分布

大类	序号	名称	基 本 特 性	大类	序号	名称	基 本 特 性
多年生草本	37	八宝景天	景天科-八宝属多年生肉质草本植物，花期7—10月。性喜强光和干燥、通风良好环境，不择土壤，要求排水良好，耐贫瘠和干旱，忌雨涝积水。植株强健，管理粗放。各地广为栽培	多年生草本	38	紫鸭跖草	鸭跖草科-紫竹梅属多年生披散草本。喜温暖、湿润，不耐寒，忌阳光曝晒，喜半阴。对干旱有较强的适应能力，适宜肥沃、湿润的壤土。栽培较广
	39	非洲百子莲	石蒜科-百子莲属，多年生草本，中国各地多有栽培。花期7—8月，喜温暖、湿润和阳光充足环境。要求夏季凉爽、冬季温暖，夏季避免强光长时间直射，冬季栽培需充足阳光。土壤要求疏松、肥沃的砂质壤土，pH值5.5～6.5，切忌积水		40	水竹	禾本科-刚竹属多年生草本，广泛分布于长江流域以南，性喜温暖湿润气候和通风透光，耐阴，忌烈日曝晒。喜光照充足的环境，耐半阴，不耐寒，对土壤要求不严，以肥沃稍粘的土质为宜。生长在河岸、湖旁灌丛中或岩石山坡
	41	黄金菊	菊科-菊属，多年生草本花卉，主要作为园林的花坛花卉、观花类、地被植物、树林草地等美化作用。夏季开花，全株具香气。喜阳光，排水良好的砂质壤土或土质深厚，土壤中性或略碱性		42	菲白竹	禾本科-赤竹属，世界上最小的竹子之一，原产日本。笋期4—6月，喜温暖湿润气候，好肥，较耐寒，忌烈日，宜半阴，喜肥沃疏松排水良好的砂质土壤。具有很强的耐阴性，可以在林下生长

大类	序号	名称	基 本 特 性	大类	序号	名称	基 本 特 性
藤本	1	扶芳藤	常绿或半常绿灌木。匍匐或攀援。喜湿润,温暖,较耐寒,耐阴,不喜阳光直射	藤本	2	五叶地锦	落叶木质藤本。具分枝卷须,叶掌状;耐寒耐旱,喜阴湿环境。对土壤要求不高,适应性广泛
	3	凌霄	落叶藤本。长10余米。性喜阳、温湿环境,稍耐阴。喜排水良好土壤,较耐水湿,并有一定的耐盐碱能力		4	地锦	落叶木质攀援大藤本。枝条粗壮;卷须短。喜阴湿环境,不怕强光辐射,耐寒、耐旱、耐贫瘠、耐修剪,对土地要求不高,怕积水
	5	常春藤	常绿吸附藤本。极耐阴,也能在光照充足之处生长。喜温湿环境;稍耐寒;喜肥沃疏松的土壤		6	金银花	多年生半常绿缠绕木质藤本植物。香花植物。喜阳光和温湿环境,生命力强,适应性广,耐寒、耐旱
	7	花叶络石	常绿木质藤蔓植物。喜光、强耐阴植物,喜空气湿度较大的环境		8	葛藤	多年生半木本豆科藤蔓植物。茎长10余米,常铺于地面或缠于它物而向上生长。喜温湿气候,喜光

续表

大类	序号	名称	基 本 特 性	大类	序号	名称	基 本 特 性
藤本	9	南蛇藤	卫矛科落叶藤本。观赏价值高。喜阳也耐阴,分布广,抗寒耐旱,对土壤要求不高	藤本	10	爬山虎	多年生大型落叶木质藤本植物。适应性强,性喜阴湿环境,不怕强光,耐寒、耐旱、耐贫瘠,气候适应性广泛;阴湿、肥沃的土壤中生长最佳。抗 SO_2 等有害气体
	11	胶东卫矛	卫矛属直立或蔓性半常绿灌木。常作绿篱和地被。耐阴,喜温暖,稍耐寒				
总计			113 种				

第六节 雨水花园植物配置

一、配置的基本要求

绿化植物配置应遵循以下要求。

1. 安全要求

道路雨水花园用地大多属于道路用地范畴,是人和车的共享空间,是定向的交通活动和不定向的人群活动的统一体。道路绿化植物应保持交通空间的视线通畅,满足低视点的小汽车驾驶员安全行车的视线要求。在道路拐弯处,植物种植以低矮为主,或进行退让处理。拐弯、出口之前的对景位置宜设置标示性较强的异质景观处理,提醒司机注意并形成很好的交通引导效果。

111

2. 景观丰富度要求

利用可以丰富景观效果的植物打破道路、建筑等带来的视线紧张、单调、重复的视觉效果,形成许多形态、性质、功能各异的空间景观序列,增加雨水花园景观的丰富度。

3. 凸显特色要求

植物应用宜彰显个性,避免过多重复的配置方案和植物品种应用。每个场地的雨水花园植物能结合各城市街区、各条街道、所经地段环境、网格特征等特质内涵进行对应的品种搭配和组合,使得绿化景观有标识性、内涵性。

4. 生态、美观要求

(1)耐粗放管理。雨水花园植物首先得在符合雨水花园立地生境的基础上进行品种选用,对于道路边的雨水花园植物筛选还需兼顾交通尾气污染的影响,植物需有一定的抗污染能力。例如,城市高架桥下绿地的桥阴雨水花园植物宜兼顾耐阴、耐旱、短时耐淹、蒸腾量较小、抗污染、吸附有害气体、抗病虫害,甚至是耐盐碱土等多重苛刻要求,以便适宜城市高架桥的桥阴下粗放管理。

(2)注重草、灌、藤本甚至乔木的合理搭配。适当增加开花、色叶植物,在取得良好的观花、观叶、观果效果的同时,有利于生物多样性和小群落稳定性的培育,了解植物生长特性和环境匹配关系,最终为雨水花园植物的健康、可持续生长提供保障,发挥其最大的生态效益。

二、季相景观的设计

春华秋实,夏荫冬枝,一年四季的不同植物季相景观可以带给人鲜明的季节概念,同时可以很好地营造植物生生不息、丰富多彩的景观效果。

春季:万物复苏,春花烂漫。结合武汉市所处环境推荐 113 种植物,春季观赏效果良好的开花灌木和多年生草本植物有小叶栀子、红叶石楠、金丝桃、杜鹃、含笑、红花檵木、云南黄馨、金钟、八仙花、木槿、瑞香、毛白杜鹃、连翘、金缕梅、白鹃梅、山麻杆、木本绣球、大叶栀子、天目琼花、蔷薇、萱草、单花鸢尾、四照花等。

夏季:灌木或多年生草本有紫薇、棣棠、丝兰、夹竹桃、大花六道木、金边六月雪、紫茉莉、紫叶酢浆草、美丽月见草、石菖蒲、石蒜、葱兰、红花韭兰、玉簪、凌霄、金银花、爬山虎、蛇莓等。

秋季:桂花、三角枫、南天竹、小檗、野菊花、五叶地锦等。

冬季:石楠、蜡梅、南天竹、结香、茶梅、山茶等。

三、色彩景观设计

色彩是植物独具魅力的外观表现,植物的不同色彩可以给人留下丰富美好的视觉享受。

1. 绿色系列

(1)深绿、墨绿色系:桂花、石楠、山杜英、女贞、八角金盘、熊掌木、小叶栀子、海桐、阔叶十大功劳、枸骨、卫矛、小蜡、龟甲冬青、法国冬青、茶梅、大叶黄杨、夹竹桃、铺地柏、细叶麦冬、沿阶草、万年青、常春藤、狭叶十大功劳、爬山虎、葛藤、雀梅藤等。

(2)浅绿色系:洒金桃叶珊瑚、雀舌黄杨、瑞香、大叶栀子、金银木、小叶女贞、瓜子黄杨、丝兰、金边黄杨、千头柏、吉祥草、草地早熟禾、匍匐剪股颖、马尼拉、扶芳藤、花叶络石、五叶地锦、地锦、胶东卫矛、胡颓子、南蛇藤、蛇莓、黄荆、白茇、枸杞等。

2. 红色系列

(1)深红色系:三角枫、红叶石楠、阔叶十大功劳、小檗、南天竹、狭叶十大功劳等。

(2)鲜红色系:鸡爪槭、山茶、山麻杆、茶梅、红花韭兰、石蒜、凌霄等。

(3)粉红色系:紫薇、木槿、杜鹃、夹竹桃、大花六道木、紫茉莉、美丽月见草、红花酢浆草、红花檵木、天目琼花、四照花、蜡瓣花等。

3. 白色系列

小叶栀子、毛白杜鹃、金边六月雪、白鹃梅、大叶栀子、丝兰、水果蓝、玉簪、葱兰、金银花、含笑、金钟、厚皮香等。

4. 黄色系列

蜡梅、连翘、金丝桃、棣棠、结香、云南黄馨、金边过路黄、萱草、野菊花、

金银花、金缕梅等。

5. 蓝紫色系列

八仙花、木本绣球、蔷薇、紫茉莉、石菖蒲、单花鸢尾、紫叶酢浆草、金边阔叶麦冬等。

四、景观特色主题表达

雨水花园相关主题表达，可以借用园林绿地设计中的很多相关构思主题方案。如上述不同色彩主题、季相主题、植物科属主题、地方文化主题、情感主题、功能主题等，对应选择植物并组成相应景观效果。在中国江南地区的很多私家园林中，可以看到很多以植物为主题的景点命名及环境营造的优秀经典案例，都是植物景观特色主题表达学习的范本。

五、与其他景观元素组合设计

其他景观元素主要有风景园林中传统的地势地形、园路、植物、水体、园林家具、小品几个部分，基本少有大体量的园林建筑。园林植物与其他景观元素组合，可以形成更多丰富的景观效果。如由竹类植物与石头组成的竹石小品景观，可以联想到古代文人郑燮的相关竹石诗词歌赋及名画作品，使场地更具有意境和韵味。

本章针对城市雨水花园植物筛选和应用进行了初步探讨，首先在雨水花园总体性能要求方面进行了选择要求的阐述，具体体现在四项耐适性方面：①水耐适，耐短时雨水浸泡（通常为 24 h 浸泡时间，原则不超过 48 h）、耐较长时间干旱、耐雨水污染的水适应方面；②光耐适，尤其是对有人工构筑、树木遮阴影响的空间下植物的光适应；③土耐适，土壤的酸碱性、肥力适应；④养护管理的粗放性要求。本章尝试对雨水花园的养护管理提出了专业性与粗放性结合、经济性与易操作相结合的建议，也体现了雨水花园的生态效益。

第五章　雨水花园"雨韵园"营建实践

本章将主要以笔者和课题组设计、建设、维护管理的华中科技大学"雨韵园——雨水花园实习基地"建设为例,总结雨水花园营建中的各种问题及相关经验教训。

"雨韵园——雨水花园实习基地"项目(以下正文均简称"基地")是在院系研究生学科建设经费、笔者主持的国家自然科学基金青年基金"桥阴雨水花园研究"(编号:51308238,以下简称"青基")和中国博士后第七批特别资助基金(编号:2014T70701,以下简称"特助")共同支持下,于 2014 年 11 月中旬启动,2015 年 6 月建成的雨水花园实践项目。该项目是在华中科技大学校园内成功建设的第一个建筑屋顶雨水就地收集与调蓄利用的雨水管理设施,也是当时武汉市为数不多的雨水花园实践之一。本章将对此实践进行梳理、记录、总结和讨论,旨在通过本案例的具体实证来探讨武汉市海绵城市雨水花园营建的问题,并尝试对此提出建设的相关参考建议。

第一节　基地建设的背景、目标及条件

一、基地建设的背景与意义

雨水收集与利用是城市生态建设的主要内容之一,是国际关注的热点话题,但同时在我国还处于起步阶段。城市雨水管理问题已经越来越受重视,2014 年 10 月,国家原住房和城乡建设部提出了海绵城市建设的指导试行文件,并在 2015 年 4 月 9 日公布批准了 16 个海绵城市试点建设城市,武汉市便是位于华中地区唯一入选的省会级城市,这给武汉市雨水管理发展带来了契机。

笔者有幸获批"青基"和"特助"为科研背景做支撑,"基地"建设拟实现

风景园林研究生的园林植物应用、绿色基础设施、雨水花园、场地生态设计、雨水利用与景观、种植设计等多门课程的现场教学与实践认知实习,并积累相关的科研资料,为我院风景园林研究生特色教育开创新的方向,并对城市雨水利用与景观建设具有示范、教育、推广作用。

二、建设目标与内容

1. 建设目标

本"基地"旨在在校园内建设一个融屋顶雨水收集、利用、观测,雨水花园植物筛用与景观生态设计,兼顾多门风景园林专业课程教学、科研、教育、展示为一体,学生积极动手、亲身参与建设、管理、观测的雨水花园创新实践教学科研小基地。

2. 主要内容

(1)将建筑与城市规划学院的南四楼报告厅屋顶、入口雨棚及三楼走廊前 4 个小单元共 435.5 m² 的屋顶无组织排水进行有组织排放,作为雨水花园水源之一。三楼走廊屋顶其余部分雨水仍保持为无组织排放,但针对落点设置雨水入渗措施。

(2)建立完善的雨水水平衡管网系统(落水管、储水池、小泵站、构造体、溢流装置)。

(3)实现雨水花园植物筛选实验。

(4)建立雨水净化实验单元。

(5)建立降雨、光照小气象观测站。

3. 项目特色及预期成果

以满足学生雨水花园实践教学为目的,满足专业硕士全方位、特色化与系统性能力培养的设计创新实践教学环节需求,建成校内"雨水花园设计创新实践教学科研基地",关注自然雨水资源的收集与基本利用以及景观化处理的原理、手段和方法,并获得相关专业知识和参与体验的收获。预期建成后的雨水花园能实现"建设目标",并能起到绿色建筑屋顶雨水收集和生态利用、场地生态设计、雨水花园建设的教育及推广示范作用。

4. 参与力量

施工中标单位武汉旺林花木开发有限公司是武汉市一级园林施工资质施工单位,有良好的专业施工建设经验。课题组由建筑与城市规划学院万敏教授担任方案详细设计的总指导,建筑与城市规划设计院申安付高级工程师负责给排水指导,环境科学与工程学院王松林教授负责雨水水质相关实验指导,研究生张纬、赵寒雪、余志文、郭晓华、曾祥焱、朱梦然是项目组成员。另外还有多位景观学专业、艺术设计专业本科生积极参与,促进本项目顺利进行。

第二节　场地设计

一、基地概况

场地主要为华中科技大学建筑与城市规划学院院楼南四楼北面主入口广场东侧紧邻的两块靠近建筑的绿地(图 5-1)。场地基本平整,低于周边硬

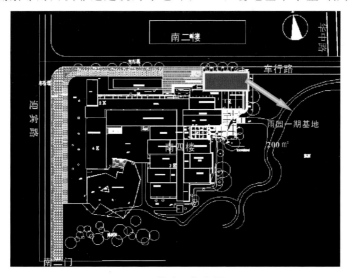

图 5-1　基地一期位置图

(图片来源:课题组绘制)

化道路、广场、建筑散水 5～10 cm。南四楼是建筑与城市规划学院的办公教学楼，建于 1984 年，为砖混 4 层结构，其间有过多次中庭增建，主入口位于建筑北面。基地选址分为 A、B 两块，A 块位于南四楼主入口东北角 202 m² 的小块绿地，B 块位于主入口西边自行车棚与南四楼北立面中间的狭长绿地地块，面积为 100 m²。

1. 屋面排水

屋顶北面无组织排水影响场地通行。南四楼建筑北面为集中排水，共有 18 个挑出墙外长 30 cm、孔径 50 mm 的铁排水管位于建筑北面进行直接排水（图 5-2）。南四楼入口雨篷承接了上方顶楼排水，即使下小雨，都有四股大的落水柱由排水管口直排至入口台阶地面，引起地面水花的飞溅，影响入口人流集散和正常通行，同时还易让行人滑倒产生安全隐患。

图 5-2　南四楼入口雨水排水管

（图片来源：笔者摄于 2014/8/16）

建筑内庭和报告厅的外墙面形成了明显的大面积深褐色水渍印(图5-3)，不但影响建筑外墙美观，还会产生墙体开裂、维护不便、渗水等隐患。

图5-3　南四楼北墙水渍印(上图)及项目场地环境(下组图)

(图片来源：笔者摄于2014/10/15)

　　建筑西面为一条宽2 m、长28 m的宅前草地，植物生长状况差，建筑井道也位于其中，三楼走廊屋顶的少量雨水会从短排水管位置排下，对其下形

119

成一定范围的冲刷作用,地面已经形成了一个个凹陷,景观质量差(图5-4)。

图 5-4 楼前狭长绿地现状

(图片来源:笔者摄于 2014/3/3,2014/8/12)

2. 基地现有植物

基地中间有一直径为 5.5 m、北侧高 50 cm、南侧高 60 cm 的混凝土标准圆形种植台,其中种有一棵胸径 55 cm、高 25 m 的成年雪松,因树龄偏大和小生境荫蔽,出现南侧枝长势较好,北侧秃枝的情况。东侧现有 10 棵胸径平均在 30 cm 以上、高 20~30 m 的成年樟树,下枝干高达 10 m,树下的郁闭度高达 80% 以上,离建筑最近的一棵与外墙距离为 65 cm。

3. 基地雨水及土壤

基地采光良好,土壤入渗率较高,通过改善其下结构材料,布置浅凹绿地雨水花园景观,自然入渗少量屋面雨水和路边雨水,并具有与东面林下形成对比的花境景观。基地主要就近收集来自以下 5 部分屋顶的雨水:南四楼入口雨棚(38.5 m²)、部分三层走廊屋顶(43.2 m²)、内庭玻璃尖顶(102 m²)、门厅内庭(111.8 m²)、南四楼100室学术报告厅屋顶(122 m²),四楼顶层实验室斜坡屋顶(18 m²),共计435.5 m²的雨水汇水面积(图5-5)。

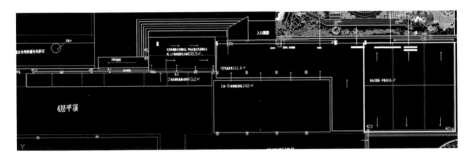

图5-5　南四楼屋顶雨水汇水面(黄色线范围)

(图片来源:课题组测绘)

场地现有土壤为砂石坚壤土,土质贫瘠,渗透率较好。原种植有细叶麦冬。有一条踩踏出的小径至池塘边。基地外围为停车位和道路(图5-6)。

图5-6　南四楼场地现状

(图片来源:笔者摄于2014/11/15,2014/11/28)

4．选址基地理由

基地选址于此主要便于就近开展教学与观察，基于南四楼屋顶雨水收集利用的雨水花园教学科研基地主要是为了方便开展教学和进行相关展示。基地东侧有 10 棵高大樟树形成较郁闭的遮阳环境，以利于与西侧较开敞的环境进行雨水花园植物品种对比研究(图 5-6)，可近似模拟人工构筑物遮阴环境，有助于耐阴雨水花园植物的筛选。基地紧邻院楼，临近室内及室外水源点，同时东侧池塘也可以作为雨水花园最终溢流的水流去向。且院楼已安装了 24 小时监控，并有门房值班人员负责驻守管理，便于开展后续管理和观测，也方便今后项目的维护管理、跟踪调研及相关课程实践。

二、设计方案

1．场地设计原则

最大限度尊重场地原有基本条件和资源，尽量少改动和干扰，遵循科学、美观、简洁、生态的设计精神，致力于营建一个能收集与利用屋顶雨水，提升与改善靠近建筑闲置绿地景观质量，集科普、教育、展示功能于一体的小型雨水花园实践基地(图 5-7 及图 5-8)。

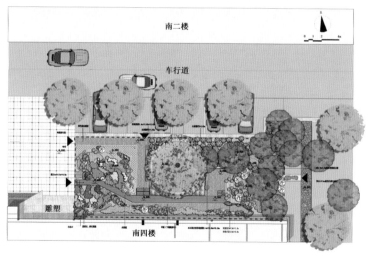

图 5-7　基地 A 平面图

(图片来源：课题组绘)

图 5-8　基地设计效果图

（图片来源：课题组绘）

2. 分区

场地被直径 6 m 的雪松大种植台自然分隔为东西两部分，西面为雨水花园主体，东面林下为雨水花园林下休闲、宣传展示和强耐阴灌木、草本种植区。中间通过长 16 m、宽 0.8 m 的木栈道和一段长 7.5 m、宽 0.8 m 的块石园路联系贯通。

3. 园路

基地主入口考虑主要人流进出关系，在贴近道路停车位场地北面设 1 m 宽彩色透水砖直道，解决人流快速通过场地的问题。停车位后设置弯管路障，保证行人安全。在南四楼主入口东侧靠近主雕塑旁 1.2 m 处设置 0.8 m 宽木栈道，高出地面 30～35 cm。与 1 m 宽透水砖道衔接后，拓为 0.8 m 宽木栈道，连通至稍作拓宽的透水砖铺面展示区，其后用块石及碎石砌成的小径连通至场地外小园路。

4. 排水

场地有两个入水口，第一个入水口位于入口雕塑"异质同构"旁，可收集面积为 300.5 m² 的屋顶排出的雨水，入地管为直径 110 mm 的 PVC 管。第

二个入水口主要收集报告厅面积达 135 m² 的屋顶的排水,将原有直径 50 mm 的铸铁管改为直径 75 mm 的 PVC 管,并在排水口加盖雨水箅子,雨水管贴着第二个墙体分隔板接地,雨水管直径为 110 mm。

第一个雨水口的雨水经过大黄石块和大鹅卵石消除冲刷力后,直接流入雨水花园中。在木栈道下有一个直径为 30 cm、高出底地面 25 cm 的溢水口,当水位标高超过 25 cm 时,多余雨水经溢水口流出,经过埋藏在地下的溢水管流入东部的地下调蓄池。调蓄池尺寸为 2 m×2 m×1.5 m,池底标高为 −1.800 m,当储水标高达到预定的 −0.300 m 标高时,多余雨水将通过水池溢水管排入邻近的道路排水沟,溢出雨水最终汇入场地东侧的大池塘。调蓄池里放有潜水泵,当雨水花园需要用水时,通过开通电闸,水泵将抽取调蓄池中的水,从旱溪出水口出来,顺不透水小溪流回西面的雨水花园。

5. 绿化

基地建设承载当地雨水花园植物,尤其是耐阴雨水花园植物的筛选实验作用,设计绿化植物用表如表 5-1。

表 5-1　雨韵园原设计植物清单

序号	植物名称	所属科属	生 态 习 性	成年高度 /cm
1	野菊花	菊科 雏菊属	喜冷凉气候,忌炎热。喜光,耐半阴,对栽培地土壤要求不高。多年生草本,有地下长或短匍匐茎,耐寒。以土层深厚、疏松肥沃、富含腐殖质的壤土栽培为宜	25～100
2	鱼腥草	三白草科 蕺菜属	我国长江流域以南各省均有野生,耐阴	20～35
3	大花葱	百合科- 葱属	多年生球根花卉,秋植球根。花期为春、夏季,喜凉爽、阳光充足的环境,忌湿热多雨,忌连作、半阴,适温为 15～25 ℃。要求疏松肥沃的砂壤土,忌积水,适合我国北方地区栽培	30～40

续表

序号	植物名称	所属科属	生 态 习 性	成年高度/cm
4	百合	百合科-百合属	多年生草本球根植物,花期为6—7月,喜凉爽,较耐寒。高温地区生长不良。喜干燥,怕水涝。对土壤要求不高,黏重的土壤不宜栽培	50~100
5	黄花菜	百合科-萱草属	多年生草本,花果期为5—9月。耐瘠、耐旱,对土壤要求不高,地缘或山坡均可栽培。对光照适应范围广,可与较为高大的作物间作。地上部分不耐寒,地下部分耐—10 ℃低温。忌土壤过湿或积水。旬均温5 ℃以上时幼苗开始出土,叶片生长适温为15~20 ℃;开花期要求较高温度,20~25 ℃较为适宜	50~100
6	芋头	天南星科-芋属	多年生块茎植物,观叶植物,性喜高温湿润,种芋在13~15 ℃开始发芽,生长适温为20 ℃以上,球茎在短日照条件下形成,发育最适温为27~30 ℃。遇低温干旱则生长不良	80~90
7	紫叶芋	天南星科-芋属	多年生块茎植物,花期为7—9月,生性强健,喜高温,耐阴,耐湿,基部浸水也能生长,常用于水池、湿地栽培或盆栽。全日照或半日照条件	50~100
8	天胡荽(铜钱草)	伞形科-天胡荽属	花期为4月,果期为7月。性喜温暖潮湿,栽培处以半日照或遮阴处为佳,忌阳光直射,栽培土不拘,以松软、排水良好的栽培土为佳,或用水直接栽培,最适水温为22~28 ℃。耐阴、耐湿,稍耐旱,适应性强。生性强健,种植容易,繁殖迅速,水陆两栖皆可	25~80

续表

序号	植物名称	所属科属	生 态 习 性	成年高度/cm
9	紫娇花	石蒜科-紫娇花属	多年生草本,球根花卉,花期为5—7月。喜光,栽培处全日照、半日照均理想,但不宜庇荫。喜高温,耐热,生育适温为24～30 ℃。对土壤要求不高,耐贫瘠。肥沃而排水良好的砂壤土或壤土上开花旺盛	30～50
10	美丽月见草	柳叶菜科-月见草属	多年生草本,花期为6—9月。适应性强,丛生状种植,耐酸、耐旱,对土壤要求不高,一般中性、微碱或微酸性土,排水良好,疏松的土壤中均能生长	30～55
11	翠云草	卷柏科-卷柏属	中型伏地蔓生蕨,中国特有,生于海拔40～1000 m的山谷林下,多腐殖质土壤或溪边阴湿杂草中,以及岩洞内,湿石上或石缝中。喜温暖湿润的半阴环境	50～100
12	紫三叶草	豆科-车轴草属	多年生常绿草本,适合片植营造优良的地被,观叶植物,适应性强,喜光,稍耐阴,不择土壤,耐寒、耐旱	12～35
13	红车轴草	豆科-车轴草属	短期多年生草本,生长期2～5(～9)年。花果期为5—9月。喜凉爽湿润气候,夏天不过于炎热,冬天不十分寒冷的地区最适宜生长。气温超过35 ℃生长受到抑制,40 ℃以上则出现黄化或死亡,冬季最低气温达－15 ℃则难以越冬。耐湿性良好,但耐旱能力差。在pH值6～7、排水良好、土质肥沃的黏壤土中生长最佳	10～20

续表

序号	植物名称	所属科属	生 态 习 性	成年高度/cm
14	白车轴草	豆科-车轴草属	多年生草本。原产于欧洲和北非,花果期为5—9月。对土壤要求不高,喜欢黏土及耐酸性土壤,也可在砂质土中生长,为长日照植物,不耐荫蔽,日照超过13.5 h花数可以增多。具有一定的耐旱性,喜温暖湿润气候,不耐干旱和长期积水	10～30
15	矮生蒲苇	禾本科,芦竹亚科蒲苇属	性强健,耐寒,喜温暖湿润,阳光充足气候	120～300
16	花叶芦竹	禾本科-芦竹属	多年生挺水草本观叶植物。花果期为9—12月。喜光、喜温、耐水湿,也较耐寒,不耐干旱和强光,喜肥沃、疏松和排水良好的微酸性砂质土壤	150～200
17	细叶芒	禾本科-芒属	多年生草本,叶形优美,花期为9—10月。耐半阴、耐旱,也耐涝。于海拔1800 m以下的山地、丘陵和荒坡原野,常组成优势群落	150～200
18	斑叶芒	禾本科-芒属	多年生草本,喜光,耐半阴,性强健,抗性强	100～120
19	水葱	莎草科-蔗草属	多年生宿根挺水草本植物。在自然界中常生长在沼泽地、沟渠、池畔、湖畔浅水中。国内外均有分布	100～200
20	花叶美人蕉	美人蕉科-美人蕉属	美人蕉的园艺变种,花期为7—10月,性喜高温、高湿、阳光充足的气候条件,喜深厚肥沃的酸性土壤,可耐半荫蔽,不耐瘠薄,忌干旱,畏寒冷,生长适温为23～30 ℃	50～80

续表

序号	植物名称	所属科属	生 态 习 性	成年高度/cm
21	紫叶美人蕉	美人蕉科-美人蕉属	花期为7—10月,喜温暖湿润气候,不耐霜冻,性强健,适应性强。畏强风,不耐寒	100~150
22	黄花鸢尾	鸢尾科-鸢尾属	花期为5—6月,果期为7—8月。喜湿润且排水良好、富含腐殖质的沙壤土或轻黏土,有一定的耐盐碱能力,在pH值为8.7,含盐量0.2%的轻度盐碱土中能正常生长。喜光,也较耐阴,在半阴环境下也可正常生长。喜温凉气候,耐寒性强	50~60
23	金叶菖蒲	天南星-菖蒲	全国各地生浅水池塘可生长,性强健,能适应湿润	30~40
24	旱伞草	莎草科-密穗莎草亚属	多年生草本,观叶植物。性喜温暖、阴湿及通风良好的环境,适应性强,对土壤要求不高,以保水强的肥沃土壤最适宜。沼泽地及长期积水地也能生长良好。生长适宜温度为15~25 ℃,不耐寒冷,冬季室温应保持5~10 ℃	40~160
25	香蒲	香蒲科-香蒲属	多年生草本植物,广泛分布于我国全境。花果期5—8月,生于浅水、沼泽中	130~200
26	灯心草	灯心草科-灯心草属	广布于温带和寒带地区,热带山地也有。常生长在潮湿多水的环境中	130~201
27	铁线莲	毛茛科-铁线莲属	草质藤本,生长期从早春到晚秋。生于低山区的丘陵灌丛中。喜肥沃、排水良好的碱性壤土,忌积水或夏季干旱而不能保水的土壤。耐寒性强,可耐—20 ℃低温。有红蜘蛛或食叶性害虫危害,需加强通风	100~200

续表

序号	植物名称	所属科属	生 态 习 性	成年高度 /cm
28	虎耳草	虎耳草科-虎耳草属	多年生草本,喜阴凉潮湿,土壤要求肥沃、湿润,以茂密多湿的林下和阴凉潮湿的坎壁上较好	8～45
29	再力花	竹芋科-塔利亚属	多年生挺水草本,花期为4—8月,在微碱性的土壤中生长良好。好温暖水湿、阳光充足的气候环境,不耐寒,耐半阴,怕干旱	150～200
30	千屈菜	千屈菜科-千屈菜属	多年生草本,分布于全国各地,花期为夏季。生于河岸等潮湿草地。喜强光,耐寒性强,喜水湿,对土壤要求不高,在深厚、富含腐殖质的土壤中生长更好	30～100
31	常绿水生鸢尾	鸢尾科-鸢尾属	多年生常绿草本,花期春夏,喜光照充足,特别适应冷凉性气候	60～100
32	慈姑（茨菰）	泽泻科-慈姑属	有很强的适应性,在陆地上各种水面的浅水区均能生长,要求光照充足、气候温和、较背风的环境,要求土壤肥沃,但土层不太深的黏土上生长。风、雨易造成叶茎折断,球茎生长受阻	100～120
33	水鬼蕉	石蒜科-水鬼蕉属	多年生草本。花期为6—7月,喜光照、温暖湿润环境,不耐寒;喜肥沃土壤。盆栽越冬温度为15 ℃以上。生长期水肥要充足。露地栽植应于秋季挖球,干藏于室内	30～70
34	萱草	百合科-萱草属	多年生草本,花果期为5—7月,生性强健,耐寒,华北可露地越冬,适应性强,喜湿润也耐旱,喜阳光又耐半阴。对土壤选择性不强,但以富含腐殖质、排水良好的湿润土壤为宜。适合在海拔300～2500 m处生长	40～80

129

序号	植物名称	所属科属	生 态 习 性	成年高度/cm
35	八宝景天	景天科-八宝属	多年生肉质草本植物,花期为7—10月,生于海拔450~1800 m的山坡草地或沟边。性喜强光和干燥、通风良好环境,不择土壤,要求排水良好,耐贫瘠和干旱,忌雨涝积水。植株强健,管理粗放	30~50
36	红叶蓼	蓼科-蓼属	我国大部分地区有分布。生长于湿地、水边或水中	20~80
37	肾蕨	肾蕨科-肾蕨属	附生或土生植物。观叶植物,喜温暖、潮湿环境,生长适温为16~25 ℃,冬季不得低于10 ℃。自然萌发力强,喜半阴,忌强光直射,对土壤要求不严,以疏松、肥沃、透气、富含腐殖质的中性或微酸性砂壤土生长最为良好,不耐寒,较耐旱,耐瘠薄	30~70
38	紫鸭跖草	鸭跖草科-紫竹梅属	多年生披散草本,喜温暖、湿润环境,不耐寒,忌阳光曝晒,喜半阴。对干旱有较强的适应能力,适宜肥沃、湿润的壤土	20~50
39	八角金盘	五加科-八角金盘属	常绿灌木或小乔木,花期为10—11月,喜温暖湿润的气候,耐阴,不耐干旱,有一定耐寒力。宜种植在排水良好和湿润的砂质壤土中	120~400
40	洒金桃叶珊瑚	山茱萸科-桃叶珊瑚属	常绿灌木,观叶植物,极耐阴,夏日阳光曝晒时会引起灼伤而焦叶。喜湿润、排水良好的肥沃土壤。不甚耐寒。对烟尘和大气污染的抗性强	90~150

续表

序号	植物名称	所属科属	生 态 习 性	成年高度/cm
41	南天竹	小檗科-南天竹属	常绿小灌木,花期为3—6月,果期为5—11月。喜温暖及湿润的环境,比较耐阴,也耐寒。容易养护。栽培土要求为肥沃、排水良好的砂质壤土。对水分要求不高,既能耐湿也能耐旱	100～300
42	重瓣棣棠	蔷薇科-棣棠花属	落叶灌木,花季为春季,喜温暖、湿润和半阴环境,耐寒性较差,对土壤要求不高,以肥沃、疏松的砂壤土最好	100～200
43	凤尾竹	禾本科-簕竹属	株丛密集,竹干矮小,枝叶秀丽,原产中国南部。喜温暖湿润和半阴环境,耐寒性稍差,不耐强光曝晒,怕渍水,宜生长在肥沃、疏松和排水良好的壤土中,冬季温度不低于0 ℃	100～300
44	毛杜鹃	杜鹃花科-杜鹃花属	半常绿灌木,花季为春季,喜温暖、湿润气候,耐阴,忌阳光曝晒。生长适温15～28 ℃,冬季能耐−8 ℃低温。土壤以肥沃、疏松、排水良好的酸性砂质壤土为宜	150～200
45	山茶	山茶科-山茶属	灌木或小乔木,花期较长,从10月份到翌年5月份都有开放,盛花期通常在1—3月份。惧风喜阳,适宜生长在地势高爽、空气流通、温暖湿润、排水良好、疏松肥沃的砂质壤土、黄土或腐殖土。适温在20～32 ℃,29 ℃以上时停止生长,35 ℃时叶子会有焦灼现象,要求有一定温差。环境湿度70%以上,大部分品种可耐−8 ℃低温,喜酸性土壤,并要求较好的透气性	80～500

续表

序号	植物名称	所属科属	生 态 习 性	成年高度/cm
46	常春藤	五加科-常春藤属	多年生常绿攀援灌木,花期为9—11月,果期为翌年3—5月,阴性藤本植物,也能生长在全光照的环境中,在温暖、湿润的气候条件下生长良好,不耐寒。对土壤要求不高,喜湿润、疏松、肥沃的土壤,不耐盐碱	20~30
47	含笑	木兰科-含笑属	常绿灌木,花期为3—5月,果期为7—8月,喜肥,性喜半阴,在弱阴下最利生长,忌强烈阳光直射,夏季要注意遮阴。10 ℃左右温度下越冬。不耐干燥瘠薄,怕积水,宜生长在排水良好、肥沃的微酸性壤土,中性土壤也能适应	200~300
48	葱兰	石蒜科-葱莲属	多年生草本植物,鳞茎卵形,花期春季,喜肥沃土壤,喜阳光充足,耐半阴与低湿,宜肥沃、带有黏性而排水好的土壤。较耐寒,在长江流域可保持常绿,0 ℃以下亦可存活较长时间。在-10 ℃左右的条件下,短时不会受冻,但时间较长则可能冻死	20~35
49	韭兰	石蒜科-葱莲属	多年生草本。鳞茎卵球形,花期为4—9月,生性强健,耐旱抗高温,栽培容易,生育适温为22~30 ℃。喜光,但也耐半阴。喜温暖环境,但也较耐寒。要求土层深厚、地势平坦、排水良好的壤土或砂壤土。喜湿润,怕水淹。适应性强,抗病虫能力强,球茎萌芽力强,易繁殖	20~36

序号	植物名称	所属科属	生 态 习 性	成年高度/cm
50	栀子花	茜草科-栀子属	常绿灌木,5—7月开花,喜空气湿润和光照充足且通风良好的生长环境,夏季应避免阳光直射,适宜在稍荫蔽处生活,耐半阴,怕积水,较耐寒,最适宜生长温度为16℃左右,宜用疏松肥沃、排水良好的轻黏性酸性土壤种植,是典型的酸性花卉	30~200
51	紫茉莉	紫茉莉科-紫茉莉属	宿根草花,花期为6—10月,果期为8—11月,性喜温和而湿润的气候条件,不耐寒,在江南地区地下部分可安全越冬而成为宿根草花,来年春季续发长出新的植株。露地栽培要求土层深厚、疏松肥沃的壤土,盆栽可用一般花卉培养土。在略荫蔽处生长更佳	100~150
52	花叶吴风草	菊科-大吴风草属	喜半阴和湿润环境;耐寒,在江南地区能露地越冬;怕阳光直射;对土壤适应度较好,以肥沃疏松、排水好的壤土为宜	花葶高70
53	花叶香桃木	桃金娘科-香桃木属	常绿灌木,花期为5月下旬至6月中旬,喜温暖、湿润气候,喜光,亦耐半阴,萌芽力强,耐修剪,病虫害少,适应中性至偏碱性土壤	200~400
54	花叶蔓长春	夹竹桃科-蔓长春花属	多年生草本半灌木,花期为6—9月,喜温暖湿润,喜阳光也较耐阴,稍耐寒,喜欢生长在深厚、肥沃、湿润的土壤中	30~50
55	玉簪	百合科-玉簪属	多年生宿根草本花卉,花期为7—9月,耐寒冷,性喜阴湿环境,不耐强烈日光照射,要求土层深厚,排水良好且肥沃的砂质壤土,属于典型的阴性植物	40~80

续表

序号	植物名称	所属科属	生 态 习 性	成年高度/cm
56	一叶兰	百合科-蜘蛛抱蛋属	多年生常绿草本,观叶植物,性喜温暖湿润、半阴环境,较耐寒,极耐阴。生长适温为10~25 ℃,而能够生长温度范围为7~30 ℃,越冬温度为0~3 ℃	50~120
57	红花酢浆草	酢浆草科-酢浆草属	多年生直立草本,喜向阳、温暖、湿润的环境,夏季炎热地区宜遮半阴,抗旱能力较强,不耐寒,喜阴湿环境,对土壤适应性较强,但在腐殖质丰富的砂质壤土中生长旺盛,夏季有短期的休眠。在阳光极好时,容易开放	10~35
58	扁竹兰	鸢尾科-鸢尾属	多年生草本,花期为4月,果期为5—7月,生长于灌木林缘、阳坡地、林缘及水边湿地。种植环境喜湿润且排水良好、富含腐殖质的砂壤土或轻黏土,有一定的耐盐碱能力,在pH值为8.7、含盐量0.2%的轻度盐碱土中能正常生长。喜光,也较耐阴,在半阴环境下也可正常生长。喜温凉气候,耐寒性强	80~120
59	石蒜	石蒜科-石蒜属	多年生草本植物,鳞茎近球形,花期为8—9月,果期为10月,生长于潮湿地,其着生地为红壤,因此耐寒性强,喜阴,能忍受的高温极限为日平均温度24 ℃;喜湿润,也耐干旱,习惯于偏酸性土壤,以疏松、肥沃的腐殖质土最好。有夏季休眠的习性。石蒜属植物适应性强,较耐寒。对土壤要求不高,以富有腐殖质的土壤和阴湿而排水良好的环境为好	80~120

续表

序号	植物名称	所属科属	生 态 习 性	成年高度 /cm
60	碰碰香	牻牛儿苗科-天竺葵属	亚灌木状多年生草本植物,观叶植物。喜阳光,全年可全日照培养,但也较耐阴。喜温暖,怕寒冷,冬季需要 0 ℃以上的温度。喜疏松、排水良好的土壤,不耐水湿,过湿则易烂根致死	10～35
61	薄荷	唇形科-薄荷属	多年生草本,花期为 7—9 月,果期为 10 月,对环境条件适应能力较强,生于水旁潮湿地,生长最适宜温度为 25～30 ℃,对土壤的要求不高,除过砂、过黏、酸碱度过重以及低注排水不良的土壤外,一般土壤均能种植,以砂质壤土、冲积土为好。土壤酸碱度以 pH 值 6～7.5 为宜	30～60
62	水竹	禾本科-刚竹属	多年生草本,性喜温暖、湿润和通风透光,耐阴,忌烈日曝晒。不耐寒,对土壤要求不高,以肥沃稍黏的土质为宜。生长在河岸、湖旁灌丛中或岩石山坡	200～300
63	大叶黄杨	黄杨科-黄杨属	灌木或小乔木,喜光,稍耐阴,有一定的耐寒能力,对土壤要求不高,在微酸、微碱土壤中均能生长,在肥沃和排水良好的土壤中生长迅速,分枝也多	150～300
64	菲白竹	禾本科-赤竹属	世界上最小的竹子之一,笋期为 4—6 月,喜温暖湿润气候,好肥,较耐寒,忌烈日,宜半阴,喜肥沃、疏松、排水良好的砂质土壤。具有很强的耐阴性,可以在林下生长	50～80

135

序号	植物名称	所属科属	生 态 习 性	成年高度/cm
65	细叶麦冬	百合科-山麦冬属	多年生常绿草本,喜半阴、湿润且通风良好的环境,常野生于沟旁及山坡草丛中,耐寒性强	15～35
66	水果蓝	唇形科-香科科属	木本植物,常绿灌木类,春季枝头悬挂淡紫色小花,对环境有超强的耐受能力,适温环境在−7～35 ℃,对水分要求不高,对土壤养分的要求很低,只要排水良好,哪怕是在非常贫瘠的砂质土壤中也能正常生长	100～150
67	迷迭香	唇形科-迷迭香属	灌木,花期为11月,性喜温暖气候,但在中国台湾平地高温期生长缓慢,冬季没有寒流的气温较适合生长,较能耐旱,土壤若富含砂质,排水良好较有利于生长发育。生长缓慢,再生能力不强	100～200
68	黄金菊	菊科-菊属	多年生草本花卉,夏季开花,全株具香气。喜阳光,排水良好的砂质壤土或土质深厚的土壤,中性或略碱性。主要作为园林的花坛花卉、观花类、地被植物、树林草地等	40～50
69	红千层	桃金娘科-红千层属	常绿灌木或小乔木,花期为6—8月,喜暖热气候,能耐烈日酷,不很耐寒、不耐阴,喜肥沃、潮湿的酸性土壤,也能耐瘤薄干旱的土壤。生长缓慢,萌芽力强,耐修剪,抗风。对水分要求不高,但在湿润的条件下生长较快。极耐旱耐瘠薄	150～400

续表

序号	植物名称	所属科属	生 态 习 性	成年高度/cm
70	紫叶珊瑚钟	虎耳草科-矾根属	少有的彩叶阴生地被植物,适合在林下片植以营造优良的阴生地被景观,喜中性偏酸、疏松肥沃的壤土,适宜生长在湿润但排水良好、半遮阴的土壤中,忌强光直射。幼苗长势较慢,成苗后生长旺盛	30～60
71	八仙花	虎耳草科-八仙花属	落叶灌木,花期为6—8月,喜温暖、湿润和半阴环境。适温为18～28 ℃,冬季温度不低于5 ℃。土壤以疏松、肥沃和排水良好的砂质壤土为好。随土壤 pH 值的变化,花色变化较大	60～80
72	西伯利亚鸢尾	鸢尾科-鸢尾属	多年生草本,花期为4—5月,既耐寒又耐热,在浅水、湿地、林荫、旱地或盆栽均能生长良好,而且抗病性强,尤其抗根腐病,是鸢尾属中适应性较强的一种	40～60
73	花叶玉婵花	鸢尾科-鸢尾属	多年生草本,花期为6—7月,自然生长于水边湿地。性喜温暖湿润,植株强健,耐寒性强,露地栽培时,地上茎叶不完全枯死。对土壤要求不高,以土质疏松肥沃为宜	40～100
74	金叶大花六道木	忍冬科-六道木属	常绿小型灌木,可作为花篱或丛植于草坪及作树林下木等,花期为6—11月,喜光,耐热,能耐－10 ℃低温,对土壤适应性较强。发枝力强,耐修剪,生长期和早春需加强修剪,防止枝叶空秃,以利于保持树形丰满	80～150

续表

序号	植物名称	所属科属	生 态 习 性	成年高度/cm
75	金边丝兰	龙舌兰科-丝兰属	习性与普通丝兰相似,因其叶缘在春夏季呈较宽的金黄色而得名。秋冬季黄色的条纹转变为粉红色,是花叶俱美的观赏植物。花、叶皆美,树态奇特,数株成丛,高低不一,叶形如剑,开花时花茎高耸挺立,花色洁白,繁多的白花下垂如铃,姿态优美,花期持久,幽香宜人	120～150
76	非洲百子莲	石蒜科-百子莲属	多年生草本,花期为7—8月,喜温暖、湿润和阳光充足环境。要求夏季凉爽、冬季温暖,夏季避免强光长时间直射,冬季栽培需充足阳光。土壤要求疏松、肥沃的砂质壤土,pH值在5.5～6.5,切忌积水	40～60
77	蓝叶忍冬	忍冬科-忍冬属	落叶灌木,花期为4—5月,喜光、耐寒,稍耐阴,耐修剪。园林中一般采用扦插繁殖,成活率较高。常植于庭院、小区以做观赏之用	200～300
78	网纹连翘	木樨科-连翘属	连翘喜光,耐寒力强,有一定程度的耐阴性;喜温暖,湿润气候,耐干旱瘠薄,怕涝;不择土壤,在中性、微酸或碱性土壤均能正常生长	200～300
79	小叶蚊母	金缕梅科-蚊母属	常绿小灌木,每年2—4月开花,对光的适应性强,是典型的喜阳耐阴植物,对温度的适应性强,具良好的抗高温和耐低温能力;有较强的抗旱和耐水淹能力。土壤适应性广,较耐瘠薄,但在肥沃疏松排水良好的壤土中生长最好	180～250

续表

序号	植物名称	所属科属	生 态 习 性	成年高度/cm
80	金叶小蜡	木樨科-女贞属	落叶灌木或小乔木,生山坡、山谷、溪边、河旁、路边的密林、疏林或混交林中	200～700
81	金禾女贞	木樨科-女贞属	常绿灌木,应用范围极广,叶片呈美丽的柠檬黄而得名,病虫害较少,能减低噪音;能吸收多种有毒气体,可在大气污染严重地区栽植,是优良的抗污染树种	80～150
82	银霜女贞	木樨科-女贞属	花期为5—6月。常绿灌木或小乔木,主要用于配置园林色块,可做街道、公路等道路绿篱	200～300
83	紫叶千鸟花	柳叶菜科-山桃草属	多年生宿根草本,是新型观叶观花植物,花期为5—11月,性耐寒,喜凉爽及半湿润环境,要求阳光充足,宜在疏松、肥沃、排水良好的砂质壤土中生长	80～130

6. 电路及照明

照明方面,场地设置8个高60～80 cm方形仿石护罩草地灯,在木栈道下和座位石头墩下设置11个10～15 cm的高的LED灯定向照明草地,宣传牌上设置两个小LED射灯。电路主要是调蓄池中5 m扬程的50WQ7-6-0.55潜水泵1台。晚上能形成良好的视觉景观。

第三节 施 工 建 设

一、施工建设进度

施工建设时长计划为1个月(含天气影响)(表5-2)。公开邀请招标园

林工程施工一级资质施工单位,最后择优决定施工单位为武汉旺林花木开发有限公司。

施工材料采取包工包料方式,项目组对材料进行质量监督,验收合格后进行施工。

表 5-2　施工进度表

工 程 周 数	第一周	第二周	第三周	第四周	第五周
施工准备	▬				
场地地形	▬▬▬				
给排水设施		▬▬▬			
雨韵园基础工程		▬▬▬			
照明及电力			▬▬		
园路及铺装			▬▬▬		
置石及小品				▬▬▬	
绿化种植及措施				▬▬	
竣工验收					▬▬

二、施工过程中存在的问题及解决方式

(一) 场地雨水收集问题

雨水收集面屋顶为沥青屋顶,最近一次大修是在 2005 年,经过 10 年长时间日晒雨淋,沥青老化严重。顶楼很多室内呈现出不同程度的渗水、漏水。向学校修建申请批复,报告厅屋顶雨水收集与防水一起配套处理。

报告厅屋顶雨水排水分两部分,中庭屋顶为单坡向北面排水,由 3 个直径为 50 mm 的铸铁雨水管直排。报告厅部分建筑结构为 3 个版块的反梁结构,分南北两面排水,北面由两个小管排水,南面墙角为 2 根直径为 100 mm 的粗铸铁管排水,主要承担南半部分及部分四楼实验室小屋顶排水。水管多被落叶堵塞,排水不畅。同时铸铁管老化,雨水浇淋墙面致使墙面产生裂缝。如何有效收集整个报告厅屋顶雨水并流至雨水花园成为一个小难题。在屋顶找坡集中往北面排是一个方案,特点是减少管网,不足的是需要增加

屋面坡度,增加屋顶承重。另一个方案是将南面两个雨落管连接起来,将雨水导入北面雨水花园中,特点是有效收集雨水,减少了墙角受损,不足的是增加了管材用量,水力有损失。解决方案如下。

1. 找坡排水

将原来的无组织排水改为有组织排水。南四楼报告厅屋顶雨水收集的施工建设尽量减少对原有老建筑承重的改变和影响,不在屋顶找坡,而是尽量利用原来的开管位置,将排水管的孔径由 50 mm 加大为 110 mm。在入口雨棚上局部找坡,将原来西面影响入口的两个排水管封堵,改为单向东面排水。找坡材料采用轻质的珍珠岩粒作为垫层。将北面雨落管增大至直径为 110 mm 的 PVC 管,并导至地面(图 5-9)。

(a)修缮前

(b)修缮后

图 5-9　南四楼入口雨棚找坡排水

(图片来源:笔者摄于 2014/11/26,2015/5/18)

2. 改善汇水面

屋顶重新做沥青防水，清理屋顶树叶杂物，保证屋顶雨水的顺畅收集（图 5-10）。改变北立面的直排，将排水管管径扩大为 110 mm，报告厅北立面墙的东面 3 个排水管为一组，连接下地。西面连接雨棚顶 3 个管口为一组落地，均汇入雨韵园（图 5-11）。

(a)修缮前

(b)修缮后

图 5-10　南四楼沥青屋顶汇水面改善

(图片来源：笔者摄于 2014/11/27,2015/5/18)

3. 汇集南面排水

对于南面原来的 2 根铸铁管，根据其可利用程度，保留西面角落那根，同时修补了该落水管破损的洞眼，底下用 PVC 管连接（图 5-12）。因东面角落铸铁管被枯枝落叶完全堵死，不能渗水，故换掉东面角落铸铁管，改为 PVC管，并与西面角落雨水管连接，找坡坡度为 2%，用 30 m 长的 PVC 管将雨水输送至基地。

(a)修缮前

(b)修缮后

图 5-11 南四楼主入口及报告厅北立面排水修缮

(图片来源：笔者摄于 2014/10/28,2015/5/16)

(二) 场地竖向设计

场地雨水收集主要依靠雨水自身重力汇入雨水花园,场地竖向设计是非常关键的一环。若要雨水由径流源头因自重流至系统终端,则必须保证有一定的竖向高差,才有利于雨水输送(图 5-13)。

雨韵园 A 区主体是周边高、中间低的地形,屋顶雨水经水管收集具有很大的势能优势,故在东边雨落管部分采用缓冲池,雨水消能后沿砾石旱溪到达雨韵园中心。旱溪沟底竖向的起点标高为 1.53 m,至雨韵园集水处终点标高是 1.37 m,距离全长为 10.5 m,坡度为 1.5%,满足雨水自流条件。中心池溢水管管顶标高是 1.34 m,为了减少施工的多地开挖,设计溢水管从旱溪沟底通过,经过计算和调整,调蓄池雨水入口标高为 1.29 m。解决了场地

(a)修缮前

(b)修缮后

图 5-12　报告厅南面 2 根破损的铸铁管汇集雨水

(图片来源:笔者摄于 2014/11/27,2015/05/18,2015/05/22,2015/06/08)

同一沟道中,雨水由屋顶收集后流入雨韵园、雨韵园溢水由同一管沟流回调蓄桶中的问题。

(三) 场地雨水平衡问题

1. 用地面积与雨水收集面积的关系

雨韵园收集面为汇水面积,为 435.5 m²,而 A 块总用地面积为 202 m²,其中高雪松种植台面积为 38 m²,硬化路面约为 15 m²,林下绿地没有纳入雨水收集,有效收集处理雨水的绿地只有 56 m²,雨水花园承接雨水的汇水面积比为 13%,近似视为 1:8。相比参考面积比的"基于汇水面积的简单估算法"可知,当汇水面积均为不透水面积时,计算出的雨水花园的面积一般为汇水面积的 5%~10%,本实践面积比略高于通常的估算法推荐值,表示绿地面积能很好承载场地雨水的吸纳。

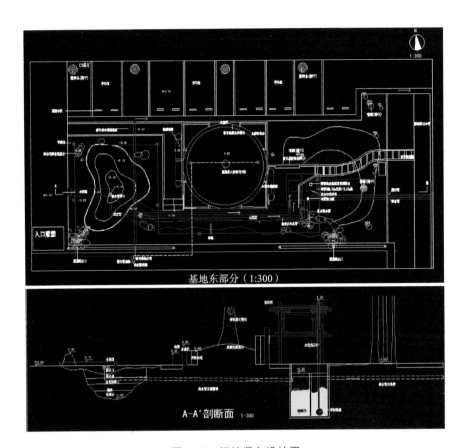

图 5-13 场地竖向设计图

（图片来源：课题组绘）

2. 雨水的收支平衡

经过降雨资料分析、场地构造处理，内部为防渗漏的雨水收集系统设计计算日降雨量为 50 mm，则本雨水花园设计收集雨水量为 18 m³。雨水池内部可以容纳雨水量为构造储水减去填料体积，剩余 12 m³，在东面樟树林下埋有一个可容纳 6 m³ 的调蓄桶（图 5-14），刚好可以满足设计降雨量的调蓄存储平衡要求。多余的雨水则由调蓄桶溢流管溢流至南四楼东面的池塘中。

2015 年 6 月 17 日，基础建设完工的雨韵园接受了一场日降雨量为 59.4 mm 的检验，浮球阀指针（图 5-15）已经到达最顶部，伸至池塘排水管口有多余雨水流出，流速约为 2 m/s。

图 5-14　下埋式雨水调蓄桶

（图片来源：课题组摄）

图 5-15　雨韵园接受日降雨量为 59.4 mm 的检验

（图片来源：笔者摄于 2015/6/17）

第四节　艺术与景观

1. 彩色雨水管

课题组对管径为 110 mm 的 PVC 雨水管进行了彩虹七彩的退晕表现处理(图 5-16)。改变通常白色的外观,使得雨水管在较暗的墙体面上有着鲜亮的视觉效果,有利于突出雨水收集的用意,在视觉上也形成了良好的视线引导,指明雨水收集的方向。尤其是对于从南四楼报告厅南墙引导过来的雨水,雨水管明确地指明了雨水处理途径。

2. 植物景观

在本章第二节进行了详细的植物品种推荐。课题组结合植物各自生长特点,依据兼顾四季景观、生态习性,符合其生理特征,按照一定的美学原则,兼顾植物色彩、形态、文化内涵,兼顾有色、有花、有果、有香甚至有味、有声的原则,有效进行场地植物配置(图 5-17)。

3. 小品景观

小品景观在本项目中指宣传栏、浮标指示柱、主题景观石、园灯、木栅栏、木栈道等构件,尽量使用生态材料,减少加工费用。本项目中与环境融合、质朴且有一定艺术性和内涵的小品由研究生余志文设计。

第五节　监测与维护管理

1. 人员安排

维护管理方面,因为紧邻南四楼的主入口,有 24 h 监控镜头和楼栋值班人员,故方便日常安全管理。

课题组成员负责雨韵园日常植物养护,雨水收集查看、观测,基本数据收集等工作。同时结合相关课程安排,辅助"园林植物""景观工程学""雨水花园""植物造景""场地生态设计""绿色基础设施""植物造景"等相关课程的实践实习,鼓励学生参与基地的养护管理。

图 5-16 彩虹色雨水管

（图片来源：笔者自摄）

图 5-17　雨韵园植物景观

（图片来源：笔者摄于 2017/12/1）

2. 监测内容

监测内容包括：①屋顶雨水水质对比；②降雨时对应的降雨量；③雨水花园植物生长状况，对环境的适应力或敏感性；④雨水花园景观变化、调整及跟踪（图 5-18 及图 5-19）。

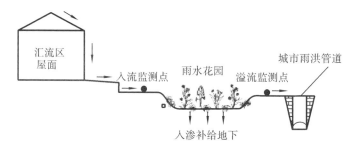

图 5-18　屋顶雨水水质监测点示意图

（图片来源：唐双成，2012）

3. 维护管理措施

后期的人工维护管理，首先是环境清洁卫生，定期人工清扫垃圾，同时

图 5-19　雨韵园建成前后对比

（图片来源：笔者分别摄于 2014/11，2015/7）

注意雨水口、溢水口的清淤以防堵塞，每年 1～2 次调蓄池、旱溪清淤。其次是植物修剪与日常养护，每年修剪、实时浇灌、拔除杂草等。

第六节 本 章 小 结

本章主要记录了华中科技大学校园内营建"雨韵园——雨水花园实习基地"的情况，探讨了该场地在收集屋顶雨水，就地调蓄的雨水花园建设中设计、施工建设、艺术细节、维护管理中的具体问题。

雨水花园在场地选择上应注意以下问题：①注重汇水面积与雨水花园面积的关系，通常与设计雨量、雨水池深度、淹水深度相关；②注重场地景观品质需求，雨水花园有不同类型，对应景观品质要求有较大弹性空间。

雨水花园的设计应注意三个关键点处理：①场地竖向设计，这是保证雨水合理组织、排放的关键因素，注重地形和排水坡度的合理组织；②注重内部构造的处理，不论调蓄型雨水花园还是入渗型雨水花园，内部构造都需要认真设计，通常调蓄型的重点在底部的防渗、防水处理基础上，内部填料比例、材料类型是调蓄入渗的重要影响因子，入渗型雨水花园则更需要人工改良内部构造，使入渗率大，增强入渗量；③做好场地雨水平衡系统设计，使雨水收集量与排出量平衡。

雨水花园建设中需要注重景观艺术的处理，主要表现在可以通过单个植物自身的艺术性、植物组合群落的艺术性、园林小品、园林照明、景观石、休息设施、标识牌等基本元素传递与表达雨水花园的艺术特征。这也是在雨水管理诸多措施中，雨水花园同时具备景观品质高，能营造出多种风格的生物滞留设施典型代表的原因。

建成后的维护管理需要有针对性地进行，最主要的对象是植物养护管理，尽量选择中生、稳定性好、根系深、耐适性强的乡土景观植物进行搭配，满足雨水花园整体耐粗放管理的要求。

第六章 国内外雨水花园优秀建设案例赏析

第一节 建筑附属点状雨水花园案例

（一）托马斯杰斐逊大学鲁伯特广场

1. 基址概况（图 6-1）

设计者：Andropogon Associates,Ltd.。

项目类型：大学/广场。

位置：美国宾西法尼亚州费城第十街和刺槐街交汇处。

气候带：温带大陆性气候带。

总面积：6474.9 m²。

预算：总预算为 6000 万美元,其中,景观与建筑的预算为 160 万美元。

竣工日期：2006 年。

2. 项目背景

基地受制于两块硬质的停车区域和人行铺地空间,绿化比重小,缺少一定的活动停留空间,雨水流失严重（图 6-1）。

3. 设计策略

（1）空间对比上以小见大,功能复合以激发活力。

新建广场适用于学术交流和举办庆典,旨在为周边社区提供分享空间。平面形式为中心辐射的椭圆形,使得被高大建筑围合的空间更加开阔,空间充满膨胀的感觉,以减小大楼的挤压感（图 6-2）。

多变化的环形或条状花岗岩长凳既作为空间肌理,也作为重要的休憩停留设施,利于开展多样化、随机性的活动。场地覆盖了地下停车场,将原

(a)设计前场地概况

(b)总平面图

图 6-1 设计前场地概况及总平面图

图 6-2 广场中心及其多样化的活动形式

来单一的停车功能空间转变为集吃、学、玩、停车于一体的复合功能空间,成为具有重要环境效益和社会效益的空间,服务于大学校园及周边社区,主要服务对象包括学生、教师、医院人员、社区居民及办公人员,适于动静相结合的活动形式(图 6-2)。

(2)可渗透路面及植被覆盖,增加广场可渗透率。

广场空间由 53 棵树环绕并提供树荫,尽可能增加场地的透水面积,通过树冠、草皮及透水铺装的下渗截留雨水,改进了土壤介质,增强了场地的透水性。设计后的场地整体可渗透面积由原先的 7% 增加到 40%,使用有机材料和轻型骨料添加物改造后的绿色屋顶种植土增加了持水能力(图 6-3)。

(3)地下、地面及地上空间相协调,利于蓄积雨水。

地下停车空间垂直高度为 0.9 m,广场的设计必须受限于屋顶绿化的工程规范及种植要求。一个 64.3 m³ 容量的蓄水池毗邻刺槐街,为树木和草坪

图 6-3　可渗透的路面及植被覆盖区

提供灌溉水源,蓄水池宽约 3.6 m、长约 48.4 m,平行于人行道布置,避开地下基础设施和树木,设计切口时避免与树根产生冲突。

广场上植物的灌溉水源来源于雨水和空调冷凝水,饮用水则来源于地下蓄水池(图 6-4)。

图 6-4　地下蓄水池结构

4.景观绩效

(1)环境效益。

对于 6474.9 m² 的场地来说,设计后场地能够截留 0.3 m 的降雨量,将近半个城市街区的量。每年可截留和回用多达 67 m³ 的雨水及空调冷凝水,并用于灌溉。

(2)社会效益。

调查显示,88% 的受访者表示,在广场上度过的时间里情绪变得更加积极;63% 的受访者表示,在广场上度过的时间里压力得到缓解,并且应对压力的能力也得到提高;81.2% 的受访者表示,广场的存在能够明显提高他们对学校的满意度;90.7% 的受访者表示,广场能够提高他们对城市整体环境的满意度。

(资料来源:图 6-1(a)、图 6-2 右、图 6-4 来自 http://blog. sina. com. cn/s/blog_673c8b9e01014 mbb. html,其余来自 http://landscapeperformance. org/

case-study-briefs/thomas-jefferson-university-lubert-plaza#/project-team)

（二）赛维尔友谊中学里的雨水花园

1. 基址概况

设计者：Andropogon Associates。

项目类型：学校/中学/湿地恢复。

位置：美国华盛顿州哥伦比亚特区威斯康辛州大道。

气候带：温带气候。

总面积：6070 m^2。

预算：400 万美元。

竣工日期：2007 年。

2. 项目背景

之前的建筑旁空间一般为单一、修剪整齐的草坪景观，缺少户外停留空间及吸引力，维护成本高，雨水流失严重(图 6-5)。

(a)设计前后对比图

(b)设计总平面图

图 6-5　设计前后对比图及设计总平面图

3．设计策略

（1）系统设计（建筑顶面、侧面、地面一体化设计），寓教于游。

雨水通过绿色屋顶部分截留并处理，绿色屋顶由平均 101.6 mm 厚度的介质组成，并种植耐旱植物，可吸收大约 65％ 落到屋顶上的雨水，并通过土壤介质进行过滤，在用水泵泵到生物滞留池之前，贮存在地下蓄水箱中。同时收集来自建筑厕所及水龙头的废水后就地处理。流经沉淀池、湿地及其他过滤设施，与经过系统处理过的雨水直接运用于学校的厕所冲水，减少了对可饮用水的使用（图 6-6、图 6-7）。蝴蝶园、人工湿地、生态池、绿色屋顶及户外教学课堂的设计，激发了场地的活力，具有重要的科普教育意义，有利于对师生及外来游客进行环境保护相关知识的宣传。围绕人工湿地及雨水花园形成的"梯田"台阶式平台，成为八年级学生的户外教室及实验空间，开展蔬菜园艺、绿色屋顶技术、雨水管理策略及生态管理意识的学习交流（图 6-6），教育标识系统包括用于解释污水沉淀过程的壁画。

（2）植物多样，具低维护的乡土特色。

植物设计中使用了来自切萨皮克湾地区的 80 多种乡土植物品种，代替了需要较高维护成本的草坪景观，减少了杀虫剂的使用及灌溉频率（图 6-6）。本地植物的种植形成了良好的生态环境，主要植物包括红枫、檫木、牛眼向日葵、山玄参属草本植物及乳草属植物，湿生、水生植物包括鸢尾属植物、芦苇、香蒲、大麻黄、灯心草、球子蕨、水百合、梭鱼草等，吸引了当地的鸟类及昆虫的栖息，为濒危物种如雪鹀、黑脉金斑蝶等提供了新的栖息地，恢复了生物多样性。绿色屋顶的景天属植物等的应用及太阳能光伏板的设置，具有较强的生态友好性。

（3）废物利用，景观重生。

建筑和景观建设运用了大量可再生材料，石材来自废弃采石场，楼梯材料来自被拆除的铁路大桥。建筑的外表皮材料是具有 100 年历史的葡萄酒酒桶，地板及装饰材料由从美国马里兰州巴尔的摩海港打捞回用的岸桩制成（图 6-8）。

157

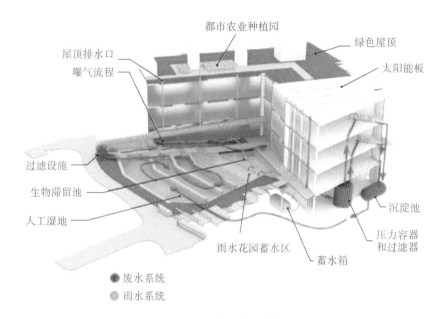

都市农业种植园
绿色屋顶
屋顶排水口
太阳能板
曝气流程
过滤设施
生物滞留池
人工湿地
沉淀池
压力容器和过滤器
雨水花园蓄水区
蓄水箱

● 废水系统
● 雨水系统

(a)雨水收集及处理系统图

(b)水质测量实验

(c)植物景观

图 6-6　雨水系统设计

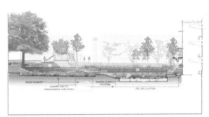

图 6-7　场地剖面图

图 6-8　场地内废弃材料的景观重生

4. 景观绩效

（1）环境效益。

每年可阻止超过 1203.4 m³ 的污水进入哥伦比亚特区的下水道系统，从而节省 1687 美元的下水道管控费用。通过将雨水处理回用于抽水马桶，每月减少 32.2 m³ 可饮用水的消耗。中学绿色屋顶能够截留一年降雨量的 68%，共 37.2 m³。将再生回用木材和 77.5 t 的石头用于铺地、墙壁及楼梯设计，避免将近 100 t 的废弃材料进入垃圾填埋场。

（2）社会效益。

在最初的五年，场地接收了超过 10000 名游客的参观，从而促进了环境保护相关知识的宣传，超过一半的参观活动由学校八年级的学生组织和引导。

（资料来源：http://landscapeperformance. org/case-study-briefs/sidwell-friends-middle-school#/lessons-learned）

（三）波特兰塔博尔山中学雨水花园

1. 基址概况（图 6-9）

设计者：Kevin Robort Perry 景观设计事务所。

项目类型：学校/中学。

位置：美国俄勒冈州波特兰。

气候带：温带海洋性气候。

总面积：185.8 m²。

预算：52.3 万美元。

竣工时间：2007 年。

(a)设计前场地概况

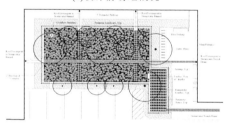

(b)设计总平面图

图 6-9　设计前场地概况及设计总平面图

2. 项目背景

该项目场地未改造前的合流下水道一旦遇大暴雨事件就会发生超负荷现象。场地主要问题是空间利用率不足和小气候温度过高，即使天气温和，沥青停车场产生的热量也会使教室温度上升。

3. 设计策略

（1）系统性设计，连贯递进。

建筑周围设置一系列的植被渗透设施和旱井，将沥青铺设的停车场改造成一个有创意的雨水花园,而且解决了当地街道错综复杂的下水道问题。

学校南面的雨水花园收集来自屋顶及沥青路面的雨水径流,屋顶雨水通过落水管流到水泥排水道上,落水管设计成与建筑同色的立方形,通过混凝土飞溅石流入雨水花园。沥青区域的雨水通过 5.4 m 宽的排水沟渠排入雨水系统的前池,前池达到饱和状态时溢流到雨水花园的主要空间。主隔间积水达到 2.4 m 深度时,溢流到暴雨收集系统中。生态洼地设置多个可调节的围堰拦砂坝以拦蓄径流和增加渗透,路缘坡的设计可促进与雨水的互动。

随着暴雨强度的增加,花园内的雨水径流高度逐渐上升,一旦超过 20 cm 的设计深度,水就溢流出花园并进入与之相连接的下水道系统。雨水花园的下渗率在 5～10 cm/h,这意味着任何滞留在雨水花园中的径流都能在几个小时后完全下渗。雨水花园收集并净化了从 787 m² 的屋顶、停车场及沥青场地汇聚而来的雨水径流。一旦雨水流入花园,植物和砾石将在雨水最终抵达城市排水系统之前吸收和保持近 4 m³ 的雨水(图 6-10)。

(2)规则式空间划分,满足就近参观及教育。

通过小砾石铺装的小径将教室前绿地划分为规整的小空间,0.6 m 宽的砾石长廊面向东边,把雨水花园的两端连接起来,让游客能看到小水流汇合成的跌水进入雨水花园。自行车停车架、杆链围护栏隔离了人行道与雨水设施。因为场地位于学校这类人流活动集中的场所,设计还考虑了雨水花园对交通的影响,同时设置了一些方便参观者近距离观察雨水花园的设施,充分发挥其教育功能(图 6-11)。

(3)乡土植物种植,类型多样。

园中所采用的植物皆是短期耐涝的、具有观赏价值的本土植物。雨水花园的植物配置充分考虑了不同植物的颜色和纹理的搭配。主要植物包括莎草类、灯心草、蓝果树及白杨(图 6-12、图 6-13)。

4. 景观绩效

据估计,雨水花园的成功运营,连同学校其他雨水处理改进计划,在污水处理设施建设中将节省 10 万美元的更新费用。

图 6-10 雨落管、水泥排水道、雨水算子及雨水花园景观

5. 设计评述

结合学校的停车场区域、运动场区域、外围街道空间及落水管下的分隔式小空间,形成基于校园整体环境的弹性景观设计。

图 6-11　可视化教育学习空间

图 6-12　植物配置名录

图 6-13　雨水花园中的植物种植效果图

（资料来源：①图 6-9 来自 http://www. portlandoregon. gov；②图 6-10 至图 6-13 来自 http://landscapevoice. com/mount-tabor-middle-school-rain-garden/、http://www. yuanlin8. com、http://photo. zhulong. com/proj/detail23549. html；③文字内容来自以上网站信息的汇总整理）

（四）信义会总医院病人塔

1. 基址概况（图 6-14）

设计者：保护设计论坛。

项目类型：医疗保健设施。

位置：美国伊利诺斯州帕克里奇。

气候带：温润大陆性气候。

总面积：6070.2 m² 地面绿化和 2023.4 m² 屋顶绿化。

预算：200 万美元。

竣工日期:2009 年。

图 6-14　总平面图

2. 项目背景

项目开发前,场地由草皮覆盖的绿色空间组成,景观形式单一,缺少户外休憩活动空间,存在滞水不畅的现象。项目设计目标是满足高水平的LEED 建筑认证。区域绿色基础设施的规范标准缺乏,地下蓄水的设计未得到应用(图 6-15)。

图 6-15　设计前场地环境图

3. 设计策略

(1) 弹性设计,雨水滞留区的不同使用体验。

雨水滞留区及蓄水系统遍布场地,用以实现雨水的滞留和渗透。螺旋形的雨水滞留区域除了大暴雨事件,平时都是没有积水的状态,其以"玩耍中的儿童"主题雕塑为中心节点,兼有冥想花园的功能,位于繁忙的街道拐角处并紧邻公共汽车站。花园略低于街道,作为截留雨水并消除城市街道噪音的空间,将医院景观与周边社区连接在一起。绿色屋顶、可渗透铺装及

165

雨水花园收集、渗透并输送雨水到地势较低的螺旋花园中,实现雨水的可视化设计。绿色屋顶则仅允许维护工作者进入(图 6-16)。

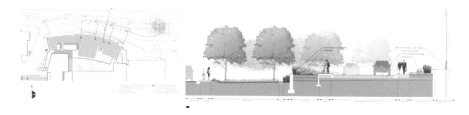

图 6-16 雨水径流流向图及场地剖面图

(2)植物配置本土化,易于管理。

铺地具有可渗透性,能够节省融雪剂的使用,减少路面的维护管理费用。选择种植本土植物,65%的本土植物中有45%来自伊利诺斯州,另外 19种亦为本地品种,剩下的 35%为非侵入性的适用性品种,具耐旱性和低维护性,可渗透并能净化雨水(图 6-17)。

图 6-17 雨水花园、生态洼地及种植槽内植物景观

(3) 康复景观,具医疗效果的户外空间。

户外空间提供休憩的座椅,满足人们独处和交流的需要,并且兼顾儿童的行为心理特征,便于其近距离亲近植物。通过具有康复效用的植物及康体特征的景观设施,提供具有医疗效果的户外园林空间(图 6-18)。

图 6-18　座椅、肿瘤治疗室及"玩耍中的儿童"雕塑

4. 景观绩效

(1) 经济效益。

传统的景观建设成本比具有雨水收集的景观设计高出了 5.5%～9.1%。医院具有严格的水质要求及健康标准,并不回用收集的雨水。每年的养护管理费用减少了约 2600 美元,包括化学肥料、除草剂等,具有较好的经济效益。

（2）社会效益。

经过调查发现，建成后的康复花园及雨水花园景观有效地缓解了病人及家属的压力和痛苦，同时对病人的康复具有一定的促进作用。

（资料来源：①图 6-18 右图来自 https://www.steelcase.com/insights/case-studies/advocate-lutheran-general-hospital/；②其余图片及内容来自 http://landscapeperformance.org/case-study-briefs/advocate-lutheran-general-hospital）

（五）詹姆斯麦迪逊大学生物科学楼雨水花园景观

1. 基址概况（图 6-19）

设计者：Rhodeside ＆ Harwell。

项目类型：学校/大学。

位置：美国弗吉尼亚州哈里森堡。

气候带：大陆性气候。

总面积：12140.5 m²。

预算：120 万美元。

竣工时间：2012 年。

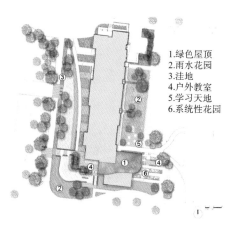

1.绿色屋顶
2.雨水花园
3.洼地
4.户外教室
5.学习天地
6.系统性花园

图 6-19　总平面图

2. 项目背景

场地地形较陡峭,起伏变化大,给使用者的进入及活动空间的设计造成了一定的挑战,当地政府对雨水利用的规定也存在一定的限制(图 6-20)。

图 6-20　场地设计前的高维护大草坪

3. 设计策略

(1) 户外教学空间营造,寓教于游。

设计由全体师生参与,设计后的场地作为环境学专业学生的教学场地,功能独特和发人深省的成群本土植物的展示,具有一定的教育意义。利用现状地势做阶梯状处理,作为户外教室的组成部分,各种各样的本地树种和多年生植物组成植物景观。新增的 343.74 m² 聚会和休憩空间包括 2 个户外教室和雨水花园内的 4 个学习立方体,长凳创造出人与雨水互动且可近距离观察的小空间,户外空间鼓励学生去使用当地植物与建筑之间的空间,包括黑板结合景墙的小细节设计(图 6-21)。

(2) 人流动线与雨水设施相配合,雨水过程可视化。

445.2 m² 的绿色屋顶主要种植了景天属植物,两个 9.1 m 长的小溪将屋顶落水管的雨水排入东部雨水花园的中心,每条小溪底部放置有钢水堰和光滑的鹅卵石。一条弯月形的混凝土小径连接了主要道路、巴士站及生物科学楼的入口,紧邻种满当地草类及多年生花卉的浅洼地。雨水径流能够由此流入地势较低的雨水花园中。

绿色屋顶、雨水花园及小溪等展示了雨水运输和处理的全过程。介入小径和活动空间,邻近主要步行道设计的钢格栅座椅及安全围护,拉近了植被浅沟的可视化距离,使学生们能够和雨水景观系统进行互动。

浅洼地和微微倾斜的花园都强调了将几何曲线作为设计的主题。迁移

图 6-21 "户外教室"景观

的巴士站和两个新的自行车停放架进一步鼓励人们选择步行和自行车两种出行方式(图 6-22)。

图 6-22　绿色屋顶及步行空间

(3) 乡土植物配置,低维护性。

植物由师生们亲自挑选,能够用于课堂教学。场地内有 38 种当地乔木和 23 种灌木,雨水花园不需要灌溉,但在成林期会使用滴灌的方式促使植物生长,时间不会很长(图 6-23)。

4. 景观绩效

(1) 环境效益。

两个雨水花园的设计,代替了原来 3480.3 m² 的不可渗透场地,能够减少 65% 的总磷数量。占全部屋顶 16% 的绿色屋顶设计,经估算,能够减少 12% 的年屋顶径流量或 415.38 m³ 的雨量。75 棵新种的当地植物每年能够吸收大约 1.5 t 的碳量,同时每年能够截留超过 18.93 m³ 的雨水。经估算,绿色屋顶的设计,相较于黑色屋顶每年能够节省 9700 度的电量(价值约 654

171

图 6-23　丰富多样的乔灌草植物

美元),比白色屋顶节省 1330 度电量(价值约 310 美元)。

（2）社会效益。

该雨水花园设计每年平均可为 4242 个在生物科学楼上课的学生提供户外学习的机会和社交空间。

（资料来源：http://landscapeperformance. org/case-study-briefs/jmu-bioscience-building-landscape♯/challenge-solution）

（六）布法罗公立学校♯305 麦肯利高中

1．基址概况

设计者：Joy Kuebler Landscape Architect,PC。

项目类型：学校/高中。

位置：美国纽约州布法罗。

气候带：大陆性气候。

总面积：9105. 4 m²。

预算：3000 万美元。

竣工时间：2012 年。

2．项目背景

场地位于密集住宅区,周边几乎没有多余场地用于扩张发展。鉴于纽约州环境保护部门雨水规章条例的出台,以及环境扩建随之而来的雨水质量改善(并非量的控制)问题,麦肯利高中决定将运动区域保留,而不是将其改建成雨水湿地景观(图6-24)。

(a)设计前环境

(b)总平面图

图 6-24　设计前环境图及总平面图

3. 设计策略

(1) 寓教于游,师生参与建造管理。

该学校作为职业高中,服务于1100位学生,提供园艺学及水域生态学毕业证书。来自于12个不同科属的20棵树形成了小型的植物园,学生们可以在此学习辨别植物和对植物进行修剪,自己动手建造绿色屋顶之前,应先了解屋顶绿化的构造材料和组成部分。156 m² 的内部庭院种植床采用最低限度的设计,剩下的部分都交由学生们种植管理,庭院中可渗透铺地占 27.4 m²(图 6-25)。

173

(a)屋顶绿化准备　　　　　　　　(b)屋顶绿化效果

(c)主入口后面庭院景观

图6-25　屋顶及庭院景观效果

（2）本土种植，材料环保。

植物种植包括乔木、灌木、观赏草类及多年生植物，服务于校园园艺学的课程需要，超过一半（55%）的观赏植物来自美国东部。144.2 m²的绿色屋顶采用当地生产的100%可回收的高密度聚乙烯塑料托盘系统，种植景天属植物。禁止使用化肥、杀虫剂及灭草剂。25%再生金属含量和获FSC认证的可持续木材用于校园的长凳，80%再生金属含量的材料用于垃圾箱。

（3）线性切割，不同设计形式及元素的雨水滞留区组合。

学校包括 4046.8 m² 的运动场、817.5 m² 的花园和 408.7 m² 的内部庭院空间。设计保留原有的运动场地，安装了砂滤装置，处理来自 1012.6 m² 现有停车场的雨水径流，从源头过滤雨水。其他措施包括绿色屋顶、雨水花园、可渗透铺装和水收集系统，容纳大量的步行交通。面积 157.9 m² 的雨水花园收集来自临近人行道和学校主要入口的顶棚雨水。容量 11.3 m³ 的地下蓄水池收集人行道和绿色屋顶雨水，蓄存雨水并循环用于庭院里人工喷水池，通过手压泵将喷壶填满可用于洗手（图 6-26）。

图 6-26　雨水收集、渗透、滞留区及手压泵

4. 景观绩效

（1）环境效益。

学校建筑的扩建虽增加了 14% 的不透水面积，场地的雨水峰值流速仍能维持在 100 年一遇的雨水事件的范围内。绿色基础设施的介入，减少约 304.3 m³ 的年径流量，相较没有绿色基础设施的情况减少了 32% 的径流量。每年减少 226.8 g 的氮和 230 g 的磷。收集雨水用于庭院灌溉，每年节省 36.3 m³ 饮用水，满足 98% 日常需求，每年节省 290 美元。

（2）社会效益。

每年为 100 名学生提供参与学校园艺证书项目的动手实践学习机会。麦肯利 H.S 园艺证书项目，引起了学生入学量的增加，促进了学校的招生发展。

（3）经济效益。

设计为 20 名学生提供暑期就业训练场地，每 6 周能够获 400～1275 美元。

（资料来源：http://landscapeperformance.org/case-study-briefs/mckinley-high-school-buffalo♯/challenge-solution）

（七）皮特·多梅尼西美国法院景观改造

1. 基址概况

设计者：里奥斯·克莱门蒂·黑尔设计工作室。

项目类型：市政/庭院/广场。

位置：美国新墨西哥州阿尔伯克基。

气候带：高温沙漠性气候。

总面积：3066.6 m²。

预算：280 万美元。

竣工时间：2013 年。

2. 项目背景

项目所在地为高温沙漠性气候，大型公共广场在烈日暴晒之下，几乎全天处于高温状态，人流量近乎于零。大规模的公共草坪区每年的灌溉水源需求量高。现状证明该广场对资源的低效率利用,与周边环境格格不入,缺乏公众活动空间(图 6-27)。

图 6-27　设计前场地环境

3. 设计策略

(1) 废弃材料回用,场地肌理延续,增加公众活动空间。

改造的主要措施包括雨水收集、暴雨管理、节能照明、太阳能板、本土和耐旱植物应用。场地种植 80 多棵树,使用灌溉水管、混凝土、泡沫填充材料,替代材料省去的花费占总材料花费的 25%。当地艺术家道格·海德为原先项目场地打造的 4 个石灰块雕塑,被放置于入口广场的地势最高处,即雨水花园的水源源头处。超过 1950.9 m^2 的混凝土铺地被回用于建造场地中的墙体和长凳,混凝土矮墙分布于皂荚树的树荫下,形成重要的休憩空间(图 6-28)。

该项目景观特色之一的对角线设计布局,其灵感来源于普韦布洛城市布局中的当代抽象元素,为法院建筑大胆创建出一处基于当地历史文化的特色景观空间。此外,设计师们参考了曾流经该区域的灌溉水渠运河这一

图 6-28　场地保留的雕塑、混凝土材料制成的长凳及石灰石雕塑

历史性水文信息(图 6-29)。

　　(2) 古树保护,结合地势及分区配置多样化本土适生植物。

　　植物配置有 58% 的本土植物,场地内 87 棵北美特产的皂荚树和梧桐树被保留,设计者和树木研究者取得合作,得到树木保护的监测结果和建议,如土壤压实的限度,来保护树木的健康。护根覆盖物有效保留了更多的土壤水分,覆盖材料包括来自于新墨西哥州农田的山核桃壳和无机岩石。园中分别种植了两大类本土植物:较高层台阶处种植着耐旱性较强的植物,而相对耐湿的植物则种植于较低的各层台地中。这些层阶式雨水花园的地面由紫红色和金色风化花岗岩(石粉)混搭铺砌而成。毗邻第三大街的东面园区与毗邻第四大街的西面园区除了种植有黄鸟兰、鼠尾草、日落牛膝、松毛钓钟柳之外,还种植着成片的皂荚树,形成富有生趣的光影效果。中央阶梯

图 6-29 对角线设计布局及休憩空间

式雨水花园,分左、中、右三个不同分区,其间的两条入口步行长道形成三个
分区界线,不同阶高的植栽区中种植着各类植物:地势较低的偏潮湿区域中
种植着德克萨斯州槲树、麻黄、格兰马草、黄鸟兰、雏菊、毛状百合、黑脚菊、
丝叶波斯菊;地势适中的阶式区域内种植着阿巴伽羽果树、铺地木蓝、耐酸
蒿、俄罗斯鼠尾草;地势偏高的缺水区域内种植着龙舌兰、皂荚丝兰、蕉叶丝
兰等耐旱植物(图 6-30)。

两条入口步行长道的坡度向着法院主体建筑的主入口前置植栽园逐渐
抬升,入口种植园正面朝向中央台阶式雨水花园。大型阶式浅层植栽池中
种植着黄荆、耐酸蒿、龙舌兰、仙人掌、蓝色野燕麦、粉色乱子草和钓钟柳。
略高于装饰排水格栅的悬浮式种植槽下方,安装着相应的景观照明设施,为
夜晚的植栽区营造出迷人的灯效,装饰格栅以同心圈几何纹饰图案为原型,
刻画出雨滴溅入水中泛起层层波纹的生动情境,也使得场地内的雨水流向
清晰可见。

179

(a)东、西两个园区植物　　　　　　　　(b)地势适中的阶式区植物

(c)大型阶式浅层植物

图 6-30　植物配置

　　在法院主体建筑的后园景观区中还设有一处停车场,其植栽景观以生态草沟形式呈现,种植有栾树、粉色乱子草、格兰马草、蓝羊茅、毛状百合和耐酸蒿等植物。这处漫步小园位于项目场地的西北角,其景观主体是一块悬浮式草坪[图 6-31(b)],圣母雕像立于草坪中央,四周设有休憩长椅。法院主体建筑后园景观区中,也种植着与前园入口种植区相同的植物,如栾树、黄鸟兰、耐酸蒿、俄罗斯鼠尾草、麻黄、格兰马草、雏菊、毛状百合、黑脚菊、丝叶波斯菊以及粉色乱子草等。

　　(3) 结合景观雨水管理形式多样,使用环保能源。

　　暴雨管理系统包括 3 个主要装置设施,用于减缓雨水流速,并实现场地内的雨水运输。在停车场区域,雨水顺着一系列的排水沟流入礁石林立的生物洼地。场地南部边缘的一系列台地花园实现了雨水的承接、渗透及净化。4046.8 m² 的屋顶上的雨水流入地下的 2 个总容量为 60.6 m³ 的蓄水池,并与滴灌系统相结合,用于耐旱景观的灌溉。

　　通过对大型建筑屋顶上的雨水进行有效的回收和再利用,满足场地植被的灌溉需求,并建设适当的地下雨水蓄积空间,确保雨水的地下储集量,将原先不必要的大面积地面铺装移除,铺砌漫步小径,以提供大量的遮阴休憩场所,从而减缓热岛效应(图6-31)。

(a)停车场区域

(b)悬浮式种植槽

(c)鸟瞰图

图 6-31　雨水管理系统

　　2159 m²(32%)的硬质景观材料的太阳能反射率值都超过了29%,树木为 2883 m²(43%)的表面提供树荫遮挡。建筑较低屋顶上阵列式安装了太阳能电池板,发电量为 27.5 kW·h,为景观照明提供电能。

　　4．景观绩效

　　该景观改造可减少进入雨水花园、生物滞留池、岩石园及过滤设备处理场地内95%的相关污染物,减少90%的地表径流量,避免86%的饮用水用于灌溉,每年能够产生 43100 度电能,99%的电能用于户外照明,每年节省

3750 美元的能源耗费。从废弃物填埋场挖掘了 480 t 废料和施工废弃物进行再利用,节省了 9949 美元的垃圾处理费。

(资料来源:①植物部分内容及左上角有标注"90°"的图片均来自 http://www.90dg.cn/landscape/2014/0930/189.html;②其余内容来自 http://landscapeperformance.org/case-study-briefs/domenici-courthouse-landscape #/sustainable-features)

(八)深圳大学土木结构实验楼旁雨水花园

1. 基址概况(图 6-32、图 6-33)

设计者:深圳大学建筑设计研究院。

项目类型:学校/大学。

原场地类型:公共区域。

位置:中国深圳大学土木结构实验楼。

气候带:亚热带季风气候。

总面积:2000 m² 屋顶绿化,907 m² 中央庭院。

竣工时间:2013 年。

图 6-32　未设计地块环境图

2. 项目背景

土木结构实验楼由位于西侧的结构实验大厅、东侧的北楼、中间连楼、南楼 4 栋建筑构成,南楼、中间连楼与北楼围合成中央庭院。遇到大暴雨事件时,场地存在积水不畅的现象。

图 6-33　雨水花园总体布局

3. 设计策略

（1）绿色屋顶建造，改造植物生长介质。

南楼与中间连楼分别建造了基质为 25 cm 厚的生态屋顶。该生态屋顶由耐旱植物、种植层（生长介质）、阻根层、砾石层、防水层构成。生态屋顶中设有创新的出流控制装置，可以有效地加强雨水管理、提高蒸散量并提升氮贮留。生长介质将砂土、稀土矿渣、回收再利用的水厂底泥和保水介质（椰丝等）进行合理配比，得到 3 种不同配比的混合土。建成后生态屋顶无需灌溉、施肥，不施放营养物，几乎无需维护。经过生态屋顶处理的雨水水质可达到国家地表水Ⅱ类标准，削减雨洪径流 30%～50%，延长峰值约 20 min，减小峰值 30%～50%。由于结构实验大厅屋顶防水功能较差，仅建造了由建筑废弃物制成的透水砖和砂土等构成的简易设施（图 6-34）。

图 6-34　绿色屋顶建成效果图

（2）地表雨水设施连接贯通，实现雨水渗透、运输及滞留贮存。

中央庭院内的地表雨水设施由透水路面、生态滞留池、蓄水池、自然排水系统、雨水花园和多功能调蓄池等组成。设置在庭院周边的透水路面由建筑废弃物制成的透水砖、设有排水花管的碎石透水层铺成。3 个生态滞留池用于处理来自未建造 LID 设施的北侧大楼屋顶（面积约 1300 m²）的雨水，以及来自南楼厕所的上清液。2 个容量为 2 m³ 的雨水罐安置在生态滞留池南侧，用于蓄滞雨水。自然排水系统将生态滞留池流出的水和部分地表径流输送至雨水花园。雨水通过碎石层内的盲管汇入多功能调蓄池。多功能调蓄池用于收集、调蓄雨水，亦可作为景观湖（图 6-35）。

图 6-35 雨水花园建成效果图

（3）乡土植物种植及种植土改造。

雨水花园中堆填了 45 cm 厚的混合土，种植在其中的再力花、芦苇、风车草等植被将对雨水进行进一步的处理。

4. 监测结果

自 2013 年 4 月建成以来，深圳大学土木结构实验楼 LID 设施经历了多场暴雨的考验，其中包括 2014 年 5 月 11 日的特大暴雨。这次强降雨的降雨中心 12 h 内最大累计降雨量超过 430 mm，为 50 年一遇的暴雨强度。深圳大学校园内严重积水,但土木结构实验楼 LID 设施周边区域没有出现任何积水,大大减轻了市政管网的压力。同时,监测结果表明,地表 LID 设施处理暴雨的能力优于生态屋顶。

（资料来源：①图 6-34、图 6-35 来自 http://blog.sina.com.cn/s/blog_4c2aefb2010197qt.html；②其余内容及图片来自刘建,韩雨停,苏艳娇,等.中国华南地区低影响开发设施典型案例分析[J].景观设计学,2015,3(04)：30-39.）

第二节 街道旁的线状雨水花园

（一）波特兰锡斯基尤绿色街道

1. 基址概况（图 6-36）

设计者：Kevin Robert Perry。

项目类型：街道/雨水管理。

原场地类型：居住区。

位置：美国俄勒冈州波特兰。

预算：2 万美元（修建路缘石扩展池费用为 17000 美元,3000 美元用于附属街道及人行道的修复）。

竣工时间：2003 年。

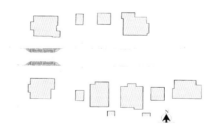

图 6-36 总平面图

2. 项目背景

城市雨水径流对河溪造成了污染威胁,合流到下水道的溢流对俄勒冈州的戚拉米特河造成水污染,遇大暴雨事件时,当地的下水道系统会发生阻塞现象。

3. 设计策略

(1) 通过对路缘石进行切口设计,沉积池实现初步过滤。

一个 0.45 m 宽的路缘石切口允许雨水流入每个路缘石延伸区。根据道路坡度,入口处有雨水入口(路缘坡),方便雨水进入,入口处设有沉积池。一旦雨水流入景观区并漫延过沉积池,水就被一个 0.17 m 高的截水坝拦住。截水坝之间的路缘石上设有路缘坡开口,二次收集雨水。而靠近现有雨水口一侧的路缘石上则不设开口,自身成为节水坝的一部分,阻止雨水过快流过。街道雨水径流流入路缘石延伸区,被多品种植物减缓流速、净化和渗透(图 6-37、图 6-38)。

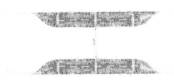

图 6-37　雨水径流流线图

(2) 路缘石延伸形成扩展池,截水坝延长雨水沉降时间。

路缘石扩展池内含一系列小水坝,水从一个单元跌落到另一个单元,直到路缘石延伸部分达到最大存储量。从 929 m² 的 NE Siskiyou 绿色街道及周边行车道形成的雨水径流沿坡而下,流入宽 2.1 m、长 15.24 m 的路缘石延伸区。

截水坝由河卵石与碎砾石构成,用以阻隔雨水直接流过沉积池或延伸区,使雨水有更长的时间聚集沉降,汇入地下水。当雨水流入种植区,区内土壤渗水速度为 7.6 cm/h,当池内水深达到 17.8 cm,植物和土壤吸收水分达到容量极限时,该种植池单元将无法继续收集雨水,多余雨水将从卵石堆起的小水坝流入第二个种植单元,以此类推到第四个种植单元。当第四个种植单元也达到饱和,多余雨水将流入现有城市雨水排放系统(图 6-39)。

图 6-38　路缘石切口及雨水入口细节图

图 6-39　路缘石扩展池

（3）乡土植物配置，实现雨水径流的流速减缓、吸收、去污。

灯心草有向上直立的生长结构，可以减缓雨水径流，吸收有污染的物质，其发达的根系也能很好地吸收水分。植物是生态雨水管理系统的关键要素，设计所选用的植物基本上都是乡土品种，如俄勒冈葡萄、肾蕨、灯心草、蓝燕麦草、大叶黄杨、莎草、水仙、鸢尾等，这些植物品种养护成本低廉且适应当地生长环境（图 6-40）。

图 6-40　植物配置图及名录

4. 景观绩效

(1) 环境效益。

项目截留和处理来自 854.7 m² 路面上的雨水，每年管理 851.7 m³ 雨水径流。路缘石扩展池将 54.8 m² 路面上的雨水径流输送到景观空间中。这种路缘石延伸区具备将 25 年一遇暴雨流量减少 85% 的能力。

(2) 社会效益。

增加社区的吸引力，提高城市环境质量，并提高了道路交叉口行人的步行安全性。

(资料来源：https://www.douban.com/note/483693719/)

(二) 查尔斯城可渗透街道(第一阶段)

1. 基址概况

设计者：节能设计论坛。

项目类型：街道/交通。

原场地类型：居住区。

位置：美国爱荷华州查尔斯城。

气候带：温润的大陆性气候。

总面积：20234.3 m²。

预算：370 万美元。

竣工时间：2009 年。

2. 项目背景

街道退化，并导致 16 个街区范围内的居住院落有水淹情况。路面材料破损下凹，对场地的美感、排水造成一定的影响，并对周边的绿地空间造成一定的污染(图 6-41、图 6-42)。

3. 设计策略

(1) 使用可渗透铺地材料，改良人行道与路缘石区域之间的土壤成分。

项目在可持续发展的暴雨最佳管理实践理念的指导下，使用耐用性强的可渗透铺装材料，保护该地区的历史街道，为相似的街道雨水管理设计提供实施蓝图及参考。

改良后的土壤入渗区沿着街道的路缘石与人行道之间的区域，可以截

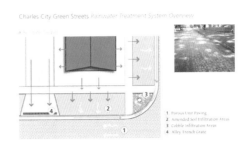

图 6-41　雨水收集系统图及设计前环境图

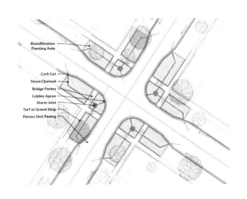

图 6-42　总平面图

留并渗透邻近庭院及人行道的雨水径流。两旁的草坪相较于路缘石顶部倾斜 0.1 m，入渗区截留雨水并允许其渗入混合了表层土、砂、堆肥的改良土壤，能够更好地实现雨水的渗透及滞留。

可渗透街道表面由砂砾层的联锁预制混凝土单元铺地组成，雨水以 0.05 m/h 的速度从铺地缝隙流到地下的砂砾储水层，孔隙率为 36%、深 0.6 m 的砂砾层将来自路面的雨水储存起来。在道路的中心，砂砾层深度约达到 1 m。在 0.6 m 深的位置有直径为 0.15 m 的多孔管穿行其中。砂砾层下的构造分别为土工布织网、粉砂路基土及 0.9 m 深的粗砂路基土。发生大暴雨事件时，水位上涨到砂砾处储水层时，雨水通过多孔管道输送到下水道系统（图 6-43）。

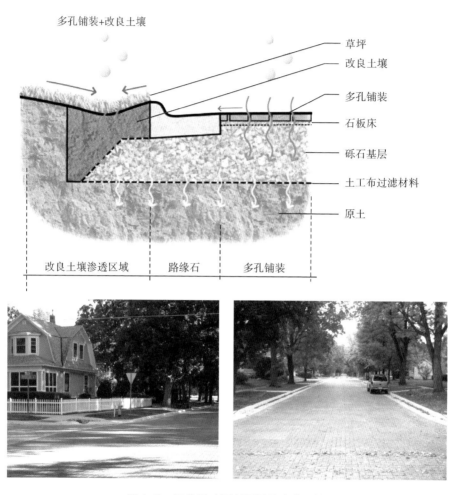

图 6-43　可渗透路面剖面图及建成环境

（2）卵石渗透区设置溢流设施。

卵石渗透区分布于十字路口的拐角处，多余的路面雨水流到路边排水沟，通过路缘石切口流向卵石渗透区。在进到可渗透铺装系统下的砂砾储水层之前，雨水先渗入地上的卵石层和 0.2 m 深的碎石层。卵石渗透区设计成 2.54 m/h 的渗透量。卵石渗透区中多余的雨水通过高出的雨水口排入现有的下水道系统。

192

（3）增加植景空间，雨水算子线性分布。

街道上的雨水算子能够过滤和截留来自路边用地及未铺砌路面的沉淀物。雨水从小径流入金属沟槽栅，通过 0.1 m 深的碎石过滤层后进入砂砾储水层。项目建成后，路面宽度从 13.4 m 缩短到 9.5 m，增加了植物种植区域（图 6-44）。

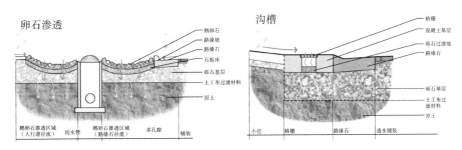

图 6-44　卵石渗透区剖面图（左）及雨水算子剖面图（右）

4. 景观绩效

（1）环境效益。

当遇 10 年一遇暴雨事件时，街道至少可减少 75％雨水径流峰值；当遇 100 年一遇降雨时，可相应地减少 40％。遇 10 年一遇 24 小时降雨事件时，径流总量可减少超过 60％；遇 100 年一遇 24 小时降雨时，相应地减少超过 30％。该项目还可避免下游下水道的替换，减少基础设施成本及对邻近地区的破坏。融雪水及雨水能够就地渗透，冬天可减少 75％融雪盐的使用。

（2）经济效益。

通过保留 192 棵原有行道树，而不是移除并重新种植新树，节省了 5.7 万美元。主要街道改造工程实施虽然获得额外 73.1 万美元的资助，但这对于传统街区改造来说远远不够。

（资料来源：http://landscapeperformance.org/case-study-briefs/charles-city-permeable-streetscape♯/sustainable-features）

（三）埃尔默大道

1. 基址概况（图 6-45）

设计者：Stivers & Associates,Inc.。

项目类型:雨洪管理/街道。

原场地类型:居住区。

位置:美国加利福尼亚州洛杉矶。

气候带:地中海气候。

总面积:16187.4 m²(包括街道和沿着城市街区的一个住宅单元,但截留来自 161874.2 m²范围的雨水)。

预算:270 万美元。

竣工时间:2010 年。

图 6-45　设计方案

2. 项目背景

太阳谷社区设计改造前,场地无雨水基础设施,频繁遭受着水涝问题,并缺少人的活动空间,不能满足人们的步行需求(图 6-46)。

图 6-46　设计前场地概况

3. 设计策略

(1) BMP 措施的介入,一系列雨水收集处理设施的应用。

私人住宅中安装 1828.8 m 长的高效率滴灌系统,透水铺装包括 5.9 m² 的可渗透混凝土及 144.9 m² 的透水面砖。5 个太阳能 LED 路灯每年能节省 1730 度电量。13 个雨水桶,每个有 0.2 m³ 的容量,截留屋顶雨水径流并进行回用。BMP 措施连同排水沟、雨水桶及可渗透铺装,提高了街道的利用率

194

并增强了美学效果。

　　埃尔默大道地下的渗水廊道足够截留 2842.5 m³ 的雨水径流,改造的路边排水沟将路面雨水径流引入 24 个生物洼地中,共同容纳并处理 435.9 m³ 的雨水径流,并增加 160.5 m² 的植被空间,大部分雨水渗透通过地下渗水廊道完成。生物洼地作为干旱地区雨水管理的重要示范措施,一年大部分时间呈现干旱状态,降雨时则蓄满雨水(图 6-47)。

图 6-47　雨水设施结构

　　(2)适生本土植物配置,雨水渗透净化介质的使用。

　　项目区种满耐旱的本土植物及地中海植物,具有低灌溉性、低维护性,同时覆盖有腐叶等护根材料以减少土壤蒸发,改善土壤渗透并净化介质。

邻近人行道种植了 23 棵本土乔木,包括加利福尼亚南部的本土和气候适宜植物。据调查,受访的 24 个业主中有 13 个选择"加州友好型"景观替代传统的前院景观(图 6-48)。

图 6-48　植物景观及组合分布

4. 景观绩效

(1) 环境效益。

项目每年渗透 20441.2 m³ 的雨水。雨水首先进入具有滤污器的污水坑,然后再进入渗透廊道中,这个过程能够有效提高水质,雨水中的铅、铜及固体悬浮物的浓度分别降低了 60%、33%、18%。通过雨水回用的方式,30% 的再生水能够用于前院的景观维护,10% 用于其他的需要,每个房主每年节省 120～360 美元。土壤的固碳潜力增加了 6 倍,通过土壤和植物组织,每年能够达到 7.25 t 的固碳量。

(2) 社会效益。

每年至少对 300 位参观者进行了水问题及雨水最佳管理实践的科普教

育。据统计,居民对街道步行性的满意度从 2006 年的不足 2% 提高到了 2011 年的 92%。对于落入自家的雨水能够就地收集并使用,2006 年仅有 60% 的居民表示赞同,2011 年已经得到了 100% 的认同及理解。

（资料来源：http://landscapeperformance.org/case-study-briefs/elmer-avenue-neighborhood-retrofit）

（四）布尔瓦大道

1. 基址概况（图 6-49）

设计者：Design Workshop,Inc.。

项目类型：零售/街道/交通。

原场地类型：商业区。

位置：美国密苏里州圣路易斯。

气候带：温润的亚热带气候。

占地：6 个街区通道。

预算：300 万美元。

竣工时间：2011 年。

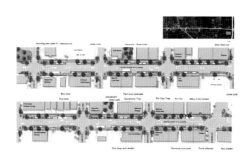

图 6-49　总平面图

2. 项目背景

项目基址属于多元文化交汇的历史街区,因建筑遗产及许多国际化餐厅而闻名（图 6-50）。

3. 设计策略

（1）人性关怀,考虑安全的街道改造。

图 6-50　设计前环境

　　项目所在街区鼓励广泛的社区参与,包括在线投票服务,居民能够进行 9 种不同的街景选项投票。设计者在强调环境效益、社会效益、经济效益及基于审美考虑的基础上,运用 40 个不同的指标选项,加强街道的步行性,使用了创新的雨水管理技术,创造了一个令人难忘的社区公共空间。

　　为了降低交通速度并提高行人及车辆行驶的安全性,项目设计缩减了道路的宽度,并在交叉口处设置路缘石扩展带,将人行横道的宽度从 17 m 缩短到 11.2 m。触觉感知的人行横道标线、无障碍坡道、视听提示及可发觉的警告信号,可满足联邦政府对所有交叉路段可达性的要求。基址靠近密苏里学校,对于有视力和听力障碍的学生,这些设计可以让他们熟悉城市环境(图 6-51)。

　　(2) 扩展结合雨水设施的沿街户外休息空间。

　　开发之前,由于人行道宽度有限,户外餐饮干扰了行人,设计后人行道宽度从 1.9 m 拓宽到 4.5 m,增加了大约 92.9 m² 的户外就餐场地,可容纳 337 个座位。在项目的第二阶段,十字路口的路缘石扩展池包括树池在内将成为雨水花园,雨水花园种植有多年生乡土草本植物,这些植物能够承受恶劣的街道环境,同时能够增加鸟类及蝴蝶种群的数量,并且可以截留、净化

图 6-51 改造后的安全舒适的步行空间

雨水。每棵树的土壤容积从 2.8 m³ 增加到 28.3 m³,有助于植物的健康生长并延长其寿命(图 6-52)。

(3)建造施工中废弃材料的再利用,增加路面透水率。

建设过程中,从场地中移除的材料几乎都得到了回用,减少了垃圾填埋场的垃圾。混凝土、砖块及沥青运用于基层及挖沟填充。现有地基、摆设、花岗岩边石、基础砖块同样就地得到使用。街道路面透水率从 2% 提升到 50%,这是圣路易斯第一个运用多孔透水路面的项目,同时也是第一个介入雨水花园景观的街道。

4.景观绩效

(1)环境效益。

通过街道的重新改造,并提高交通信号定时准确率,从而降低交通时间延误,预计能够减少 50% 的机动车尾气排放量。高反射率的可渗透混凝土代替了沥青路面,预计地表峰值温度降低了 0.23 ℃。大量的植被空间及树荫能进一步降低街道温度。

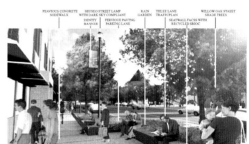

图 6-52　雨水设施分布及细节图（路缘石扩展池、生态树池）

（2）社会效益。

平均交通速度降低了 27.4 km/h，降低了 85％ 的交通事故率，节省了 300 万美元的预估成本及损失，机动车行驶造成的行人死亡率从 40％ 下降到 5％。通过降低交通速度，噪声值从 68 分贝降到 60 分贝以下，从而提供了舒适的交谈环境，适合行人步行及户外就餐。增加街道景观的美感满意度，81％ 的受访者认为设计能够形成"好"或"很好"的街道面貌，仅 22％ 的人认为设计和之前的街景无异。

（3）经济效益。

在项目完成后的第一年，商业区的年营业税收入增加了 14％，该项目预计在最初的 10 年阶段会增加 19％ 的收入。

（资料来源：http://landscapeperformance.org/case-study-briefs/south-grand-boulevard-great-streets-initiative）

第三节　面状雨水花园(雨水公园)

(一) 天津桥园

1. 基址概况(图 6-53)

设计者:土人景观。

项目类型:公园/湿地恢复。

原场地类型:废弃地。

位置:中国天津市河东区。

气候带:温带季风气候。

总面积:218530.2 m^2。

预算:1410 万元。

竣工时间:2008 年。

图 6-53　设计总平面图

2. 项目背景

场地为废弃的前军事射击场,垃圾遍布、污染严重、土壤盐碱化。场地被棚户区及公路系统所包围,边缘存在被城市雨水径流所淹没的状况,整体呈现出废弃地的面貌(图 6-54)。

图 6-54　设计前现状分析

3. 设计策略

(1) 不同尺度的"气泡"坑洼,滞留并净化雨水。

201

设计引入一个非常简单的景观再生策略,共挖了 21 个大洞,为类似"气泡"形式的坑洼,直径为 10~40 m,深度达 1~5 m,垃圾被就地填埋。有些坑洼位于地面以下,有些在小土丘上,通过雨水径流及地下水的补给,随气候季节变化,呈现干穴、湿地、水池等不同季节性景象。较大较深的"气泡"能滞留雨水并就地处理,同时能提升土壤质量,净化污染物。用大坑收集雨水,营造出不同形态的水敏性景观(图 6-55)。

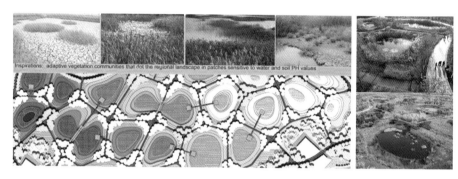

图 6-55 海绵"气泡"及场地环境图

(2)配置适生性本土植物,修复棕地。

多年生草本植物共有 58 个品种,占总品种数的 40%;木本植物有 50 个品种,占总品种数的 34%。根据土壤 pH 值及积水深度,合理配置适生植物,其中 99% 的植物为本土植物。植物的季相变化形成丰富的生态景观,通过自然过程调节土壤的盐碱度(图 6-56)。

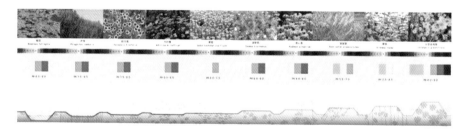

图 6-56 根据水深及 pH 值设计植物配置图

(3)可视化及可达性的雨水收集体系。

红色的网络建构系统让游人可以漫步在其中,有些木质平台深入这些气泡式的大坑中,可以让人们领略其中的植物斑块景色。路径设计布置了一个环境解释系统,给出了自然形态、自然发展过程和本地物种的描述。充满巧思的小空间设计,是整个公园设计的亮点所在,有将近 85 m³ 的废弃铁路枕木被用于场地内步行系统及观景平台的构建。

4. 景观绩效

(1)环境效益。

设计提高干池的土壤碱性及湿地水质,土壤 pH 值从 7.7 降到 7.2 左右,水质 pH 值从 7.4 降到 7.0 以下。恢复自然栖息地,场地原有草本植物仅 5 种,随着公园建设增加到 58 种。两年后公园面向公众开放,植物种类增加到 96 种,植被截留大约 539 t 碳。鹅、鸭、狐、鼠类、刺猬在场地中出现。

(2)经济效益。

经过测试发现,设计降低了场地的噪声值,公园外的噪声值为 70 分贝,而公园内仅有 50 分贝。附近的居民步行不到 15 min 就能到达公园,具有良好的可达性。公园每年接收约 35 万参观者,大多数是来自附近社区的居民,其中有超过 50% 的老年人和 40% 的儿童,为附近学校大约 500 个孩子提供教育学习的机会。邻近的桥文化博物馆为更多参加暑假计划及日常活动的学生们提供学习的平台及场所。83% 的受访者对于公园的生态设计手法表示赞同,提高了参观者的生态觉悟及环境意识。

(3)社会效益。

将废弃旧铁路枕木回用于场地观景平台及桥梁设计,节省了 25500 美元的木材使用费。

(资料来源:①图 6-54 来自 http://www.gooood.hk/_d271031056.htm;②其余内容来自 http://landscapeperformance.org/case-study-briefs/tianjin-qiaoyuan-park-the-adaptation-palettes)

(二)北京奥林匹克森林公园

1. 基址概况

设计者:北京清华城市规划设计院。

项目类型:自然保护公园/湿地/休憩娱乐。

原场地类型:居住区。

位置：中国北京市朝阳区北五环林萃路。

气候带：北温带季风气候。

总面积：112 hm²。

预算：4.2亿美元。

竣工时间：2008年。

2. 项目背景

基址周边属于高密度城市开发区，交通量大。作为北京夏季奥运会建设的项目，需利用景观形式及景观元素强化中轴线，并作为长期使用的可持续空间（图6-57）。

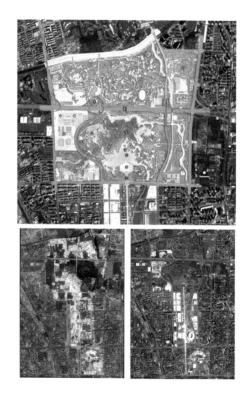

图6-57　设计前后对比图

北京奥林匹克公园位于北京市区的北部，城市中轴线的北端，规划总用地面积为1159 hm²，分为南、中、北三区，北区即北京奥林匹克森林公园（以下简称"奥森"),占地 112 hm²。奥林匹克公园的规划设计遵循循环水系,坚持生态治河的理念,利用生态自然系统、循环过滤系统等先进技术净化水体,充分利用雨水和再生水资源,多水联调,实现水资源的优化配置,奥森的雨洪综合利用量超过 85%。

奥森中心区占地面积为 84.7 hm²,包括龙形水系、休闲花园绿地、中轴路、庆典广场等景观节点,硬化铺装面积较大且集中。公园降雨通过绿地、树阵、透水铺装等透水下垫面自然入渗,入渗雨水净化后由渗滤沟收集。存储在收集池内的雨水可通过回用泵与灌溉系统、水体补水系统相连,为绿地浇灌和水体补水。未下渗的雨水则由收集管道和设施回收利用,使得该区域的雨水得到很好的利用。

奥森雨洪利用主要有以下 8 种措施:①利用屋顶集中收集雨水,收集的雨水流入建筑周边的透水铺装和绿地吸纳入渗,处理后的雨水用于绿地灌溉等景观用水;②在园路、人行道中主要利用透水铺装进行雨水下渗;③设计生态渗透型停车场,在庭院广场和停车场中采用新型透水砖;④设置下凹式绿地,周围绿地低于铺装地面 50~100 mm,适当修建增渗设施;⑤沿道路修建渗滤性排水沟;⑥在自然地形的低洼处设计雨水花园来汇聚雨水,形成良好的景观效果;⑦室外运动场采用收集下渗型运动场模式,雨水排入相邻绿地;⑧信息化的雨洪调度系统,充分利用水系蓄洪。

奥林匹克公园中心区地面景观及下沉花园中共有 9 个地面景观雨洪集水池,容积为 7200 m³,下沉蓄洪涵道的总容积约为 11000 m³。奥森注重下凹绿地技术和透水铺装技术的运用。

①下凹式绿地。园内全部利用下凹式绿地进行雨水收集和净化,主要目的是控制雨水径流量,达到涵养水源、回用雨水的目的。绿地低于周围路面和广场 50~100 mm,降雨时,周围和广场的雨水流入绿地并下渗,多的雨水溢出排入市政管道。面积较大的绿地内设计一定数量的雨水口,超过 50 mm 标准的雨水会经雨水口溢流进入市政管道。

②透水铺装技术。奥森中小型广场、中心区的园路和非机动车道等地采用大量的透水砖铺装(图 6-58)。铺装面层采用风积沙透水砖、混凝土透水砖青砖、嵌草石板路等。

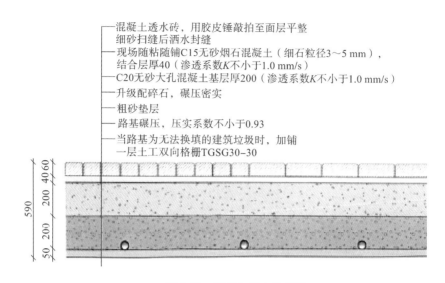

混凝土透水砖，用胶皮锤敲拍至面层平整
细砂扫缝后洒水封缝
现场随粘随铺C15无砂烟石混凝土（细石粒径3～5 mm），
结合层厚40（渗透系数K不小于1.0 mm/s）
C20无砂大孔混凝土基层厚200（渗透系数K不小于1.0 mm/s）
升级配碎石，碾压密实
粗砂垫层
路基碾压，压实系数不小于0.93
当路基为无法换填的建筑垃圾时，加铺
一层土工双向格栅TGSG30–30

图 6-58　混凝土透水砖铺装

（图片来源：郑克白，2008）

树阵区域的绿化带低于铺装 80～100 mm，形成下凹式绿地。每棵树之间为透水硬质铺装，渗透型的树池结构采用多孔的混凝土板制作，达到收集雨水、减少灌溉量的目的。多余的雨水会通过埋在地下的管道入渗，流入专门的蓄水池，用于旱季的景观补水。郑克白在《北京市雨水利用概况及政策介绍》一文中经实地调研统计得出：系统于 2007—2012 年连续 6 个雨季的运行情况良好。历次暴雨期间，中心区所有区域运行正常，无明显积水情况发生。2009 年雨洪利用总量为 402173 m³，雨洪综合利用率高达 98％。2012年 7 月 21 日，中心区经受住了历时较长降雨的考验。下沉花园 2 号泵站雨洪排水泵从上午 10 点 40 分开始进行排水作业，至 7 月 22 日凌晨 4 时结束工作，4 台低水位泵进行工作，使得地面未出现积水。

3. 设计策略

（1）人工湿地层叠，雨水集中调蓄。

主要场地包括"仰山"、20.2 hm² 的人工湖、树木园、湿地、草地、教育设施、小径、游乐场和运动场。公园南面 4 hm² 的人工湿地每天能够处理2600 m³ 再生水，并补给奥海湖，用以作为公园水系"龙头"地位的人工湖体。湿地的层叠景观及多种低影响开发技术用于场地的雨水截留处理，包括可渗透铺装、植被洼地、贮水池等。公园抵抗住了 2011 年北京 50 年一遇的暴雨,公园安全,但其周边地区则被水淹。

（2）动植物种类丰富,改善生物栖息地。

奥林匹克公园全园有 450 hm² 绿地,林木覆盖率达 67%,近自然林系统成为植物种源库,全园有树木 53 万余株,其中乔木 100 余种、灌木 80 余种、地被 102 种。24 m 高的雨燕塔为生活在北京的超过 1500 只雨燕及鸟类提供了栖身之所。宽 60 m、长 218 m 的高架生态走廊跨越将公园隔开的宽 80 m 的高速公路,保证了人行及野生生物通道的畅通连接(图 6-59)。

(a)人工湿地景观

(b)雨燕塔

(c)高架生态走廊

图 6-59　设计策略 1

（3）再生能源和中国传统造园艺术的应用。

不同的植被类型采用不同的灌溉方式，例如公园北部喷灌及南部滴灌方式的不同，智能灌溉控制系统能够优化水资源利用。场地中21栋建筑的中央加热及冷却系统利用地热泵，从地面传输热量。利用日光照明，减少对人工照明的依赖并减少电量使用。公园南门处的廊架上设置有太阳能光伏板的演示系统，能够增强人们对于再生能源的使用意识（图6-60）。

(a)日光照明　　　　　　　　　　(b)太阳能光伏板

(c)中国传统造园艺术

图6-60　设计策略2

4. 景观绩效

（1）环境效益。

公园中的树木每年能够截留3962 t二氧化碳，相当于777辆大型客运车辆的碳排放量。通过将清河污水处理厂的再生水用于景观灌溉及公园水体补给，每年饮用水的消耗量减少95万立方米，相当于380个奥运会游泳池的容量。公园南门的网格顶部安装的太阳能光伏板每年能够产生8.3万度电，可满足227位中国居民每年的能源需求。每年可减少30 t的煤消耗量，相应地,每年能够减少 78 t 二氧化碳、720 kg 二氧化硫、210 kg 氮氧化合物、81 kg 烟雾、45 kg 灰尘的排放。

（2）社会效益。

373 位受访者中有 96% 提到公园的建设显著提高了生活质量,多数受访者认为公园是美丽怡人的场所,提供了丰富的娱乐和锻炼的机会。2011 年,公园为服务半径 2 km 以内的 2000 位小学生提供了户外课堂。

（3）经济效益。

该公园提供了 1563 个工作岗位,包括公园的景观养护、安保及清洁工作等。

（资料来源:http://landscapeperformance.org/case-study-briefs/beijing-olympic-forest-park#/project-team)

（三）波特兰唐纳德溪水公园

1. 基址概况（图 6-61）

设计者:Atelier Dreiseitl,GreenWorks,P. C.。

项目类型:公园/广场。

原场地类型:城市废弃地。

位置:美国俄勒冈州波特兰。

气候带:地中海气候。

总面积:4000 m²。

竣工日期:2010 年。

2. 项目背景

基址原为一片清泉滋润的湿地,被坦纳河从中划分开,与宽广的威拉麦狄河相邻。铁路站和工业区首先占用了这片土地,并提出了场地排水要求。在过去 30 年,新的社区逐步建成,如今珍珠区已经成为商业区和居住区。场地在市区繁华地带,为大约 60 m×60 m 的正方形,迫切需要解决区域的排水问题(图 6-62)。

3. 设计策略

（1）文脉延续,水系古今。

设计追溯过去的原生湿地及河流,唐纳德溪水公园在 2005 年 4 月正式

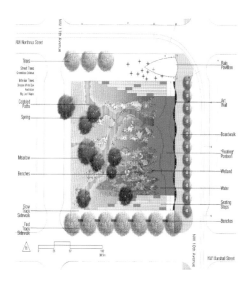

图 6-61　总平面图

图 6-62　设计前环境

命名,正好体现场地文脉,命名显得再合适不过。公园东部边缘由 368 根铁轨组成艺术墙,集合了 99 块熔融玻璃,并嵌入蜘蛛、两栖动物、蜻蜓及其他昆虫等的图像,由戴水道公司创始人赫伯特·德莱塞特尔亲自手绘在波特兰当地的玻璃上,得到最后的效果。旧铁轨材料得到重新利用并建造了公园中的"艺术墙",唤起人们对于铁路历史的记忆,而波浪形的外观设计则给人以强烈的视觉冲击(图 6-63)。

(2)雨水汇集截留,形成天然水景。

利用地形从南到北逐渐降低的特点,收集来自周边街道和铺地的雨水,汇入由喷泉和自然净化系统组成的自然水体。亭子被建成叶子的形状,收

图 6-63 场地的历史文脉与细节设计

集到的雨水在这里经过处理后，重新以溪水和喷泉的形式进入公园。依据基地土壤含水量从干到湿的不同，合理种植本土湿生、水生植物，利用植物在雨水滞留、净化中的作用，营造良好的景观效果（图 6-64）。

（3）生态恢复，活力激发。

2003 年 1 月至 6 月，公园设计方开展了一系列的社区研讨会，允许公民参与整个设计过程。全民参与的过程带来了建成后更高的认同感及归属感，真正并直接服务于社区居民。在这个繁华的城市中心地带，生态系统得到了恢复，人们可以看到鱼鹰潜入水中捕鱼。人们可在甲板舞台上表演各种文艺活动，孩子们来到这里玩耍、探索自然奥秘。另外一些人可以在这片自然的优美秘境中，充分享受大自然的芬芳，进行无限的冥想。调查显示，公园是当地人们实现梦想和希望的地方（图 6-65）。

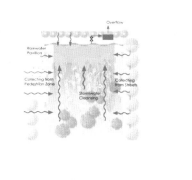

图 6-64　雨水收集系统图及其剖面图

图 6-65　多样化活动及自然生境

（资料来源：http://www.gooood.hk/Tanner-Springs-Park-Atelier-D.htm？）

(四) 达拉斯城市公园

1. 基址概况(图 6-66)

设计者:詹姆斯·伯尼特工作室。

项目类型:公园/开放空间。

原场地类型:交通用地。

位置:美国得克萨斯州达拉斯。

气候带:地中海气候。

总面积:3466.6 m²。

预算:1.1 亿美元。

竣工时间:2012 年。

图 6-66　总平面图

2. 项目背景

场地在设计前仅作为城市的高架桥道路,位于城市的繁华地段,设计范围横跨 2 个街区,下沉式高速公路为设计带来一定的挑战,结构复杂特殊(图 6-67)。

3. 设计策略

(1) 高架绿色基础设施,结构复杂特殊。

达拉斯城市公园是世界上最大的架空基础设施,在物质空间、社会活动及文化上连接了城市两块繁华地段。复杂的技术工程满足了巨大负荷结构支撑的要求。具有足够土壤的公园布局灵活,为树木栽植和植被覆盖提供了基础支持。公园靠 300 个预应力混凝土箱梁、混凝土板实现跨越连接,面板由成组的梁结构组成并形成沟槽,成为能够容纳植物根系生长的足够大

213

图 6-67　设计前场地环境图

的种植箱，同时能够容纳光纤电缆，以及通信、水、电气管线的布设，其上覆盖有 1.5 m 厚的填充物和 0.45 m 厚的土壤。不需要种植土壤的区域使用大量的泡沫填充，能够减少地面的负重，集桥梁、公园及隧道设计于一体(图 6-68)。

图 6-68　架空式绿色基础设施结构及建成效果图

（2）种植本土植物，雨水蓄积回用。

公园种植不同种类的 322 棵乔木、904 棵灌木、3292 株地被植物和多年生花卉，52％的植物来自得克萨斯地区北部。乔木种植在格网结构中，对齐梁板结构形成的 100 个沟槽。种植床通过地基滴线系统进行灌溉，能够减少雨水径流及地面的水活负载。一个蓄水池能够收集并容纳 45.5 m³ 来自公园的污水，经过处理净化并回用于灌溉。位于地面基础设施及土壤之间的排水垫层也能够贮存多余的雨水，保持土壤的水分。相较于场地之前高速公路覆盖的 100％不透水面积，达拉斯城市公园(包括草坪、植被及砾石表面

214

在内)超过 50% 的面积为可渗透面积。

（3）多样化活动空间，激发场地活力。

15 个功能性空间包括 213.6 m² 的音乐会或多用舞台空间、2601.3 m² 的活动草坪、929 m² 的游憩草坪、一个阅读和棋类游戏空间、一个儿童游乐场、活动区域和互动水景区，使用高效 LED 灯及太阳能板装置。还有 143 个小圆桌（直径约 60 cm）、48 个大圆桌（直径约 76 cm）、286 个酒吧椅。餐馆使用地热能进行加热及冷凝，鼓励步行出行。

公园包括宽阔的人行廊道、大草坪、活动平台、儿童游乐场、互动水景、遛狗场、生态花园及大量的广场绿地空间。高品质免费日常活动包括瑜伽课、家庭活动、露天喜剧和音乐会，公园的创新设计及安排成为公共空间重要的示范区，公园很快成为达拉斯城市的中心(图 6-69)。

图 6-69　活动场地内多样化的空间

4. 景观绩效

（1）环境效益。

新栽的树木每年能够减少 8391.4 kg 二氧化碳，相当于一辆大型客运车

行驶大约 22.636 m 所排放的二氧化碳含量。同时每年能够通过树冠截留 243.1 m^3 的雨水径流量。

（2）社会效益。

第一年,公园接待了超过 100 万的游客,在对 224 位公园游客的调查中,90.9% 的受访者表示公园提高了他们的生活质量,主要包括缓解了压力、提供了户外场所、提高了对地区的认知。86.3% 的受访者表示公园能促进人们形成健康的生活方式,69% 的受访者同意公园增加了参与户外活动的次数。中端配置电车的乘客数量增加了 61%,连接了市中心和住宅区。公园建成后,改变了电车轨道线,临近公园新建了 3 个有轨电车站点。在最初的半年里,鼓励跨界的社会互动,公园内有 14683 个 Facebook "点赞" 和 5212 张带位置标记的 Facebook 照片,6980 个 Twitter 追随者和 959 个 Instagram 追随者。

（3）经济效益。

公园提供了 8 个全职和 5 个兼职的公园维护及运行岗位。除此之外,在设计和施工建设阶段还提供了 170 个临时的工作岗位,带来 3.127 亿美元的经济发展收益和 1270 万美元的税收收入。根据公园周边两个人口普查组群的统计,至 2017 年,公园周边人口增长了 8.8%,城市中心区的吸引力和宜居性增强,有助于实现区域发展目标。公园周边的房地产也增值了。

（资料来源:http://landscapeperformance. org/case-study-briefs/klyde-warren-park#/lessons-learned）

（五）美国运河公园

1. 基址概况（图 6-70）

设计者:OLIN。

项目类型:庭院/广场,公园/开放空间,雨水管理设施。

原场地类型:棕地。

位置:美国华盛顿州哥伦比亚特区。

气候带:温带气候。

总面积:12140.57 m^2。

预算:2000 万美元。

竣工时间:2012 年。

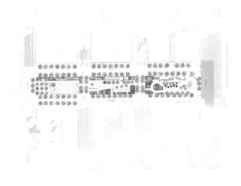

图 6-70　总平面图

2. 项目背景

场地曾经作为该区域的校车停车场,位于华盛顿古老的运河边,一度连接了波托马克河和安那考斯迪亚河(图 6-71)。

图 6-71　场地设计前环境图

3. 设计策略

(1) 雨水滞留蓄存,循环回用。

设计唤醒了当地人们的历史文化遗产保护意识,通过线性的雨水花园设计,人们联想到以前运河的浮船。最大的展馆位于公园南端,同时为季节性滑冰场建造了全服务餐厅,餐厅建筑屋顶覆盖有绿色蔬菜种植片区,通过

地源热泵进行加热和冷却。场地周围的线性雨水花园和生物滞留树坑收集、过滤、运输雨水径流到地下蓄水池，利用回用雨水进行滑冰场清洗补水和景观灌溉。除此之外，雨水基础设施用来收集未来相邻建筑屋顶的雨水径流，创造一个区域尺度的雨水管理系统。位于场地周围 557.4 m² 的系列雨水花园和 46 个生物滞留树池，能够截留并处理雨水径流。位于地下的 2 个蓄水池能容纳来自公园和附近街区 302.8 m³ 的雨水。

位于公园南部地块的一个 929 m² 的季节性滑冰场为滑冰者提供 76.2 m 的直线形滑道，冰由处理回用的雨水径流供给。曾经雨水回用目标污染物的处理系统被认定存在潜在风险。结合生物滞留、过滤和紫外线灭菌功能的设施，能够将固体悬浮物浓度降低到 0.14 mg/L，并移除 100% 的生物污染物。经一周一次的测试发现，回用雨水仅包括有机的、可生物降解的成分，能用于场地的植物养护(图 6-72)。

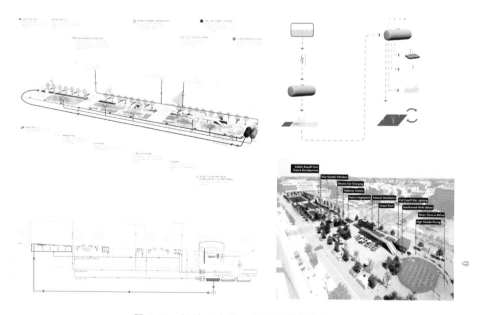

图 6-72 场地雨水收集利用系统及设施

（2）材料环保，生态节能。

位于滑冰场地下的 28 个地热井，减少了公园公共设施的能源使用，并用于主要临时构筑物的加热和冷却。公园位于地铁站的 400 m 服务半径内，平均每天有 9500 个自行车使用者,故设计有 4 个主要的自行车分享站,场地内提供了 39 个自行车停放架。为充电车辆提供了 4 个充电插口,每个端口提供 7.2 kW 的输出功率。80 个节能照明设施应用于公园之中,提供安全的夜间活动场地。光照强度超过 1000 lx 的垂直照明用于行人专用区。3 个解说牌分布于 3 个片区,提供场地的可持续设计理念和历史信息。

戴维赫斯设计的 3 个雕塑被用于场地互动游憩结构中,由不锈钢金属管构成的巨大曲线结构,象征连续动态的水结构。贯穿公园的灵活空间和舒适空间包括开放绿地空间、儿童玩耍空间和 25 个可移动的桌椅伞休憩设施。公园内 5574.2 m² 高射率铺装的使用,能够有效削弱城市热岛效应,且维护便利。经森林管理委员会批准和鉴定,100% 来自森林的木材运用于座椅、桥及构筑物的建造。建设用的 50% 以上自然或人造的材料、植物和土壤都是从距场地 804.5 km 范围内所获取。

(3)本土植物分区过渡,服务功能完善。

位于公园南部地块 836.1 m² 的最大展馆包括户外座位、滑冰租赁摊位、公园配套设施和滑冰场里 65 座的全服务餐厅,餐厅屋顶面积为 111.5 m²、可进入的蔬菜种植区域和边长为 6.1 m 的正方形控制板"光立方",能够显示艺术图像、展示灯光秀及放映视频短片等。150 多棵乔木和许多灌木及草本花卉植物种植在公园内,线性雨水花园周围种植了一系列的本地和适生植物,从北端的木本灌木及乔木过渡到南端的浅根性草本植物(图 6-73)。穿过公园的道路从 10 m 窄化到 6.1 m,对于两条将公园一分为二的街道,提出"台面"交叉的设计方案,优先考虑行人安全,将公园铺装材料延伸到街道,形成不间断的表面。

4. 景观绩效

(1)环境效益。

截留和处理场地及临近街道每年平均 95% 的径流量(大约 11370 m² 的雨量),能有效防止合流下水道溢流到安那考斯迪亚河。通过雨水收集和回用的方式,满足 88% 公园灌溉、喷泉及溜冰场的用水,每年节省 3358.9 m³ 的饮用水。场地与周边环境相结合,99% 的公园需水量都能够得到满足。目前雨水回用每年能节省 4600 美元,最终每年能节省 5200 美元。节省 12.6%

(a)场地植物景观　　　　　　　　　　(b)冬季滑冰场

(c)夏季戏水广场

图 6-73　植物景观及服务场所

的公园能源消耗,通过使用地源热泵来给展馆和餐厅建筑供冷,节省 67％室外灯具的能源消耗及 26000 美元的费用。在建设施工中,循环使用了 100％来自废弃物填埋场的 1782 t 混凝土、砖块及沥青等材料。据估算,温室气体的排放量减少了 157 t,相当于 33 辆大型客运车一年的气体排放量。

(2) 社会效益。

通过全年规划和特殊活动,每年能够吸引将近 28000 名参观者,冬季的时候能够吸引 20000 名滑冰者,吸引 5000 名参观者参与“3 天假日市场”的活动,暑期电影系列吸引 2200 名参与者,每一季 38％的附近社区居民观看至少一场电影。平均每日高峰人流量为 58 人,夏季最高峰平均每日使用人数为 88 人,秋季平均每日最低使用人数为 25 人。通过提供精心设计的空间,86％的受访者从积极的方面描述了公园,但也有44％受访者认为这些措施并不能改变公园的任何方面。公园给参观者提供了社会互动的吸引力空间,90％的受访者同意"在公园任何场所都受欢迎的"的观点,超过25％的受访者证实在公园中结识了新朋友。为过去常常在夜间参观公园的人提供了安全的场所,有助于加强社区人们的安全意识。2014年的数据显示,70％的受访者感知到社区的安全性,相较2007年的7％有明显的提高。通过窄化机动车路面并拓宽公园人行道宽度,相较于临近街区,减少了18％的公园车辆穿行速度。

（3）经济效益。

公园提供了43个工作岗位,为居住在公共住房及当地社区的低收入人群保留了至少6个工作岗位。目前,居住在公共住房的低收入人群获得了其中47％的岗位,当地社区成员占了其中的37％。滑冰场收入、租赁费及举办特殊活动的场地费,为公园基本运行和维护提供100％资金支持。临近公园地段的房地产价值增加了14.5％,而同一时间段全市房地产价值增长了13.6％,有明显优势。这有助于区域的持续发展,特别是周围400 m半径地区的新发展。到2030年,预计增加10.5亿美元的税收,并产生超过10000个工作职位。在该公园所在的更大的202.3 hm² 的地区,预计可产生22.8亿美元和超过21000个工作职位。

（资料来源：http://landscapeperformance.org/case-study-briefs/canal-park）

第四节　社区——雨水花园的综合性运用

（一）伊萨卡生态住区

1. 基址概况（图6-74）

设计者：Rick Manning Landscape Architect。

项目类型：社区。

原场地类型：农业用地。

位置：美国纽约州伊萨卡。

气候带:温润的大陆性气候。

总面积:708199.9 m²。

预算:850 万美元(包括树木种植和乡村绿化改善)。

竣工时间:1997 年,2006 年,2014 年。

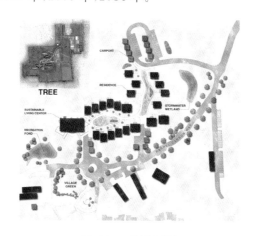

图 6-74　总平面图

2. 项目背景

100 个住宅单元集中分布在 3 块 2.02 hm² 大小的区域中,相邻的住区单元历时超过 20 年相继建设完成。1997 年建成的"FROG"社区包括 30 个住宅单元,2006 年完成的"SONG"社区同样容纳了 30 个住宅单元,2014 年完成的"TREE"社区则容纳了 40 个住宅单元。每个区域又是一个住宅合作社,用以满足生态住区可持续、可达、可购的社区目标。

3. 设计策略

(1) 住宅分布集约化,预留绿色空间。

3 块集中分布的社区单元中的住宅属于私人所有,不仅包括传统的生活设施,而且同时拥有众多的公共设施,包括开放的露天空间、社区花园、游乐场及社区活动中心。场地设计在营造行人至上及社会性社区上起到了重要的作用。项目将住宅集中布置在 60702.8 m² 的场地上,剩余 80% 的场地作为自然区域、野生动物栖息地及 2 个农场空间。创造性的场地设计及建筑方法在决策过程中一致通过,从而促进了可持续生活方式的选择,影响了集体资源的使用及废弃物的处理方式。社区之间共享公共设施及公共活动,包括一周一次的社区聚餐。

(2)生态恢复,结合景观的雨水收集回用。

生态村社区积极开展对常年耕作而荒废的自然区域及生态系统的恢复工作,3个主要的栖息地包括1个阔叶树林、1个白杨树林和1个半开放场地。社区的白杨林及场地边缘种植了100多棵树木。社区选址远离高质量的土壤区域。

"FROG"及"SONG"社区产生的雨水径流收集在4047 m²作为社区居民日常消遣娱乐场地的池塘里,同时截留在可容纳1214 m³的旱池中(图6-75)。来自"TREE"社区的雨水径流通过草地实现片状渗透或被场地内的人造雨水湿地截留。位于农场附近的池塘中所收集的雨水能够用于农作物灌溉。居民将蔬菜制成堆肥,不使用任何杀虫剂和化学肥料,将太阳能转化应用于照明和发热。

图6-75 雨水收集池塘及宅前绿地景观

4. 景观绩效

(1) 环境效益。

设计的绩效目标是在遭遇百年一遇的暴雨时,能够对该区域内发达地区的降雨进行 100% 的储存,且不会影响或将雨水转移到市政雨水管道系统。相较于传统的住宅细分,设计的方案预计能够减少 61% 的雨水径流。相较于传统的住宅细分,预计每年能够减少 14% 的氮负荷、32% 的磷负荷以及 10% 的悬浮固体物。生态住区仅仅保留了 2413.3 m² 草皮,相较于传统住宅细分的绿化种植,减少了草皮 95% 的灌溉水量需求。通过保留 13333.3 m² 的林地,减少了大约 1330 t 二氧化碳的排放,同时这些树木每年能够截留 43 t 二氧化碳。以阵列形式安装在地面的太阳能光伏板,每年能够产生 6 万度电量,能够满足 "FORG" 社区 42% 的能源需求,同时每年能够减少 250 t 二氧化碳的排放。

(2) 社会效益。

通过每月的观光活动,每年能够接纳 1000 名参观者,提高了人们对可持续生活方式的认知。85% 受访者表示参观生态住区后增加了对集约式住区的理解。

(3) 经济效益。

来自 2 个农场的有机农产品销售带来了 23.35 万美元的全年总收入。生长季节时,有 1000 人从社区支持的农业中受益。农产品生长季节能够产生 7 个全职的农场工作岗位,冬季的时候会有 2.5 个全职工作岗位,同时还有几个季节性的兼职工作岗位。

(资料来源:http://landscapeperformance.org/case-study-briefs/ecovillage-at-ithaca#/sustainable-features)

(二) 清华大学胜因院

1. 基址概况(图 6-76)

设计者:清华大学刘海龙项目团队。

项目类型:学校/大学,居住区。

原场地类型:废弃地。

位置:中国北京清华大学胜因院(二校门以南,照澜院以西)。

气候带:暖温带半湿润半干旱季风气候。

总面积:9640 m²(含建筑屋顶面积 1324 m²,外部空间面积 8316 m²)。

竣工时间:2012 年。

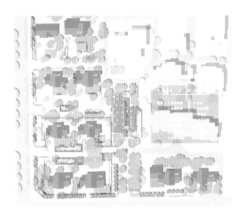

图 6-76 总平面图

2. 项目背景

胜因院位于清华大学大礼堂传统中轴线南段西侧,始建于 1946 年,先后共建成 54 座住宅,具有质朴、亲切和富含生活气息的特色。随着校园周围建设地势抬高,这里成为低洼地带,每逢暴雨便发生严重内涝,致使多栋建筑的一层进水。原有的 54 座住宅现仅剩 14 座,留下来的也功能繁杂,已无居民居住,逐渐被居委会、废品收购站等占据,院落私搭乱建现象严重,空间凌乱,原有的独院生活空间已不复存在,场所感、历史氛围逐渐丧失(图 6-77)。

图 6-77 设计前环境图

3. 设计策略

(1) 空间序列有致,竖向及空间关系对比。

各庭院结合高差、大乔木及雨水花园,布置一系列统一而又多样的木平台,成为公私过渡空间及半公共户外交流场所。在关键节点处增加点景植物予以提示,如入口、空间转折点等。

关于停车问题,根据校园总体规划,在胜因院南、东、北部均设有校园停车场。因此胜因院内除消防通道外,禁止机动车穿越,保留纯步行空间,高差转换处等设置无障碍通道。

(2) 根据汇水分区,合理布置雨水设施。

各汇水分区内排水路径上设砾石沟、草沟,成为生态化排水明沟,使屋顶、硬质铺装的降雨径流靠重力自排至雨水花园,过程中减缓流速、增加下渗。上述雨洪管理措施均设立解说系统,增强公众环境教育功能。胜因院雨洪管理措施包括雨水花园、干池、砾石沟、草沟等。通过植物、土壤、砾石等对雨水进行滞留和净化,并增强入渗的浅凹绿地,可以消纳、处理来自周边不透水表面的雨水径流,能与多种植物及景观元素相结合,景观效果较好,渗透性能较强,是一种分散式、低影响的雨洪控制利用型景观基础设施。

项目总体设计 6 处雨水花园,另设干池 1 处,地面雨水浮雕 1 处。干池可与有一定硬质铺装的广场相结合,起暂时收集、调蓄雨洪的作用。如中央花园设计 1 处干池,边缘设溢流口,其下可保持一定水位,使之成为镜面水池,过量雨水则溢流至西边梯级串接的雨水花园(图 6-78)。

(3) 植物景观丰富多变,细节彰显文化内涵。

根据雨水花园土壤水分周期性变化的特点,种植水、陆长势均良好的植物,如黄菖蒲、千屈菜、花叶芦竹、狼尾草、鸢尾、细叶芒、蓝羊茅等,强化雨水花园功能与景观效果。地面雨水浮雕设计为浅凹式,可存储部分雨水,带胜因院历史简介及建造年份(1946 年)的浮雕纹样从水中浮现,传达出场地的沧桑之感。在细部设计上,雨水花园边界分别以石笼、条石台阶、垒砌毛石等材料处理(图 6-79)。

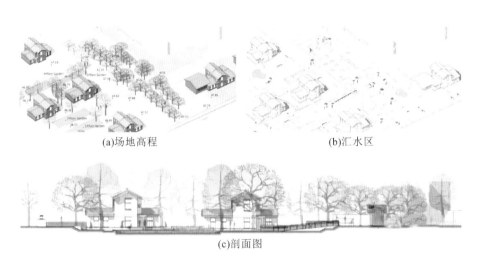

(a)场地高程

(b)汇水区

(c)剖面图

图 6-78　雨水设施布置

图 6-79　丰富的植物景观

（资料来源：①图 6-76、图 6-78 来自 http://www.calid.cn/2015/12/4895；②其余内容及图片来自刘海龙,张丹明,李金晨,等.景观水文与历史场所的融合——清华大学胜因院景观环境改造设计[J].中国园林,2014,(01):7-12）

（三）美国黎明社区

1. 基址概况（图 6-80）

设计者：Design Workshop，Inc.。

项目类型：社区/雨水管理。

原场地类型：废弃的矿业用地。

位置：美国犹他州南乔丹市。

气候带：温带大陆性气候。

总面积：1660 hm²。

预算：430 万美元（包括设计及咨询费），480 万～630 万美元（包括景观建设费）。

竣工时间：2025 年。

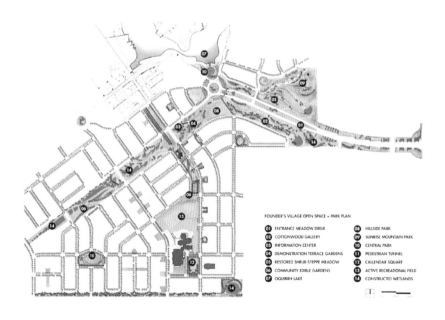

图 6-80　总平面图

2. 项目背景

项目所在地是一个经过总体规划的社区，是美国"排名前 500"的城市区域之一。项目在废弃的矿业用地上进行设计,将容纳超过 2 万个住宅单位和 85 万平方米的商业空间,该社区仍处于逐段开发中(图 6-81)。

图 6-81　设计前环境

3. 设计策略

(1)点、线、面状雨水管理措施相结合,规模尺度大。

开发的全部区域面积达 1660 hm²,其中约 400 hm² 的土地用于建设公园和作为开放空间。到目前为止,已有约 49 hm² 的公园和开放空间投入建设。就地雨水管理系统包括约 26 hm² 的奥克尔人工湖、约 10 hm² 的人工湿地、水渠、排水井、下渗池和路边的生态洼地。奥克尔人工湖能储存雨水并将其用于灌溉,为 60 多种鸟类和可供垂钓的鱼类提供栖息地。与传统蓄洪池设计相比,生态洼地能大幅减少污染物数量。检测发现的污染物包括总氮(TN)、总磷(TP)、总悬浮物(TSS)和重金属元素(铜、锌、铅)。雨水渠将雨水径流输送到一系列人工湿地,避免了下游发生洪涝,并能补充地下水(图 6-82)。

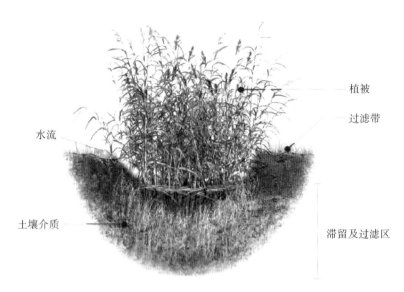

植被

过滤带

水流

土壤介质

滞留及过滤区

图 6-82　雨水设施结构及形式

（2）植物群落丰富，耐旱植被覆盖率高。

公共开放空间中乡土植物群落占植物总量的 68%，每个住宅区的耐旱植被覆盖率至少达 40%。修剪整齐的草坪主要限于休闲娱乐区域使用。生态洼地选用及原有植物包括柔枝红瑞木、阿巴伽羽果树、芦苇、薰衣草、斑点蛇鞭菊、布朗忍冬、三齿苦木、沙柳等（图 6-83）。

（3）鼓励步行交通，服务设施完善。

基于社区完整性的考虑，合理布置一系列功能性服务设施，给社区提供开展丰富活动的空间、结合雨水设施的功能空间，为居民提供了良好的步行服务场所（图 6-84）。

图 6-83 丰富多样的植物景观

图 6-84 步行系统及服务设施

231

4. 景观绩效

(1) 环境效益。

在遭遇百年一遇的暴雨(24 h 内降雨 62.2 mm)时,可对区域内降雨进行 100% 的储存,不会影响将雨水转移到市政雨水管道系统。通过滴灌设计,每年节省大约 5685 m³ 饮用水。每年能节省 70787.2 m³ 雨水,大约节省54000 美元。目前奥克尔人工湖及周边的湿地鸟类数量比项目建设前增加了将近 2.5 倍。通过利用废料,节省了 160 万美元的混凝土材料及运输成本,节省了 87 m³ 的燃料,并减少了 9110 t 的碳释放量。

(2) 社会效益。

88% 的社区学生放弃机动车出行,选择步行或骑自行车去学校,每年减少机动车出行轨迹 370 万千米,节省燃料 386.1 m³,减少碳排放量 950 t。

(资料来源:① http://landscapeperformance.org/case-study-briefs/daybreak-community;②杨波,李书娟,海莉·安·沃,等. 为提升雨水质量而设计的绿色基础设施:美国西部黎明社区[J]. 景观设计学,2015,3(4):12-21.)

(四) 高沙漠社区

1. 基址概况(图 6-85)

设计者:Design Workshop,Inc.。

项目类型:社区。

原场地类型:绿地。

位置:美国新墨西哥州阿尔布开克。

气候带:寒冷的半干旱沙漠气候。

总面积:431.8 hm²。

预算:10.75 万美元(包括设计及咨询费)。

竣工时间:2030 年。

2. 项目背景

该项目是美国新墨西哥州阿尔布开克地区的重要实践示范项目,原场地传统的郊区发展使用水密集型的大草坪,缺少将设计与景观空间相结合的考虑(图 6-86)。

图 6-85　总平面图

图 6-86　设计前环境

3．设计策略

（1）沙漠旱谷收集雨水，为雨水花园提供水源。

该项目体现了水资源保护、野生生物栖息地恢复、材料回收利用及文化传承等优势，项目改变了城市及国家水资源保护与景观绿化条例，权衡了环境敏感性、社区联系、艺术美学及经济可行性等多方面因素，设计出可持续的社区总体规划方案。每个地块设计跨站点的排水系统，将自然雨水旱谷

与开放空间结合,保证超过 62% 的场地保持开发前的水文条件。雨水花园及水智慧示范园的水量补给及灌溉均来自旱谷收集的雨水,沙漠中独有的自然旱谷覆盖有就地取材的卵石,具有减缓流速且净化雨水的功效(图 6-87)。

图 6-87　旱谷及其他雨水收集区景观

(2)耐旱植物品种丰富,生物栖息地恢复。

设计影响了阿尔布开克地区的设计及建设条例,并为市规划部门提供了一份耐旱植物名录。开放空间及居住区景观建设需要大量的原生种群,刺激了地区的苗圃销售。可视的"野生动物饮水器"以及生态廊道的设计,促进了栖息地与人或野生生物的联系。贯穿于项目中的教育标识、当地的装置艺术及示范花园同时有助于加强地域的公共管理(图 6-88)。

4. 景观绩效

(1)环境效益。

建设中尽量减少破坏,以保护场地的原始刺柏属丛林的生态性。仅将

图 6-88　植被丰富的自然生境景观

城市年需水量的 20％用于景观区域,每年节省近 108773 m³ 的水量,约 300 万美元。增加了 2 个濒危物种游隼和灰绿鹃的关键鸟类繁殖栖息地,并替代了由于发展而失去的 14973.3 m² 的栖息地规模。恢复了原场地被破坏的植被,提高了场地的固碳能力,并产生 170160 t 固碳量。通过使用分解的花岗岩护根覆盖替代传统的木屑,大约每年保护了 15230 棵树。10 年间能够节省燃料 378.5 m³,减少碳释放量大约 61.76 万吨。

（2）经济效益。

从干扰区迁移了 3500 棵树木,而不是重新购买新树种,从而节省了大约 49.6 万美元。

（资料来源:http://landscapeperformance.org/case-study-briefs/high-desert-community）

参 考 文 献

[1] Abi Aad Maya P，Suidan Makram T，Shuster William D. Modeling techniques of best management practices：rain barrels and rain gardens using EPA SWMM-5[J]. Journal of Hydrologic Engineering，2010，15(6)：434-443.

[2] Elliott A H，Trowsdale S A. A review of models for low impact urban stormwater drainage[J]. Environmental Modelling & Software，2007，22(3) ：394-405.

[3] AMEC Earth and Environmental Center for Watershed Protection. Georgia Stormwater Management Manual Volume2： Technical Handbook[M].[S. 1.],2001.

[4] Aravena J E，Dussaillant A. Storm-water infiltration and focused recharge modeling with finite-volume two-dimensional Richards equation：application to an experimental rain garden[J]. Journal of Hydraulic Engineering,2009,135(12)：1073-1080.

[5] Beecham S. Water sensitive urban design and the role of computer modelling[C]// WMO/UNESCO. International Conference on Urban Hydrology for the 21st Century. 2002：21-45.

[6] New York Center for Watershed Protection. New York State Storm water management design manual[M]. Ellicott City,2003.

[7] Charles H Bronson. Silviculture：best management practices［M］. Florida：Florida Department of Agriculture and Consumer Services,2008.

[8] CIRIA，Sustainable Urban Drainage Systems. Design manual for Scotland and Northern Ireland［S］. London：Construction Industry

Research and Information Association，2000．

[9] Davis A P，Hunt W F，Traver R G，et al. Bioretention technology：overview of current practice and future needs［J］. Journal of Environmental Engineering，2009，135（3）：109-117．

[10] Dietz M E，Clausen J C. A field evaluation of rain garden flow and pollutant treatment［J］. Water，Air，and Soil Pollution，2005，167（1）：123-138．

[11] Dussaillant Alejandro R，Cuevas A，Potter K W，et al. Stormwater infiltration and focused groundwater recharge in a rain garden：simulations for different world climates［M］. IAHS-AISH Publication，2005：178-184．

[12] Low impact development（LID）a literature review［S］. EPA-841-B-00-005．

[13] Enríquez S，Pantoja-Reyes N I. Form-function analysis of the effect of canopy morphology on leaf self-shading in the seagrass thalassia testudinum［J］. Oecologia，2005，（145）：235-243．

[14] Fletcher T，Zinger Y，Deletic A，et al. Treatment efficiency of biofilters：results of a large-scale column study［C］. Rainwater & Urban Design Conference，2007．

[15] Green infrastructure memorandum from Ben Grumble［EB/OL］. http://cfpub. epa. gov/npdes/green infrastructure/information. cfm ♯ green policy，2008-5-16．

[16] Green infrastrueture action strategy［EB/OL］. http://cfpub. epa. gov/npdes/green infrastructure /information. cfm ♯ green policy，2008-5-16．

[17] Good J F，O'Sullivan A D，Wicke D，et al. Contaminant removal and hydraulic conductivity of laboratory rain garden systems for stormwater treatment［J］. Water Science and Technology，2012，65（12）：2154-2161．

[18] Hunt W,Jarrett A,Smith J,et al. Evaluating bioretention hydrology and nutrient removal at three field sites in North Carolina[J]. Journal of Irrigation & Drainage Engineering,2006,132（6）:600-608.

[19] J C Y Guo. Cap-Orifice as a Flow Regulator for Rain Garden Design [J]. Journal of Irrigation & Drainage Engineering,2012,138（2）:198-202.

[20] Komlos John,Traver Robert G. Long-term orthophosphate removal in a field-scale storm-water bioinfiltration rain garden[J]. Journal of Environmental Engineering-asce,2012,138(10):991-998.

[21] Lucas W C,Greenway M. Nutrient retention in vegetated and nonvegetated bioretention mesocosms[J]. Journal of Irrigation & Drainage Engineering,2008,134(5):613-623.

[22] M P A Aad,Makram T Suidan,William D Shuster. Modeling techniques of best management practices: rain barrels and rain gardens using EPA SWMM-5 [J]. Journal of Hydrologic Engineering,2010,15(6):434-443.

[23] Maria Nicoletta Ripa,Antonio Leone,Monica Garnier,et al. Agricutural land use and best management practices to control nonpoint water pollution [J]. Environment Management,2006,38 (2): 253.

[24] Michael Eric Dietz. Rain garden design and function: a field monitoring and computer modeling approach [D]. Connecticut: University of Connecticut,2005.

[25] Mount tabor middle school rain Garden[EB/OL]. http://www.asla.org/sustainablelandscapes/raingarden.html.

[26] Michael E Dietz,John C Clausen. A field evaluation of rain garden flow and pollutant treatment[J]. Water,Air,and Soil Pollution,2005,(167):123-138.

［27］ Muthanna Tone M，Viklander M，Thorolfsson S T. Seasonal climatic effects on the hydrology of a rain garden［J］. Hydrological Processes，2010，22(11):1640-1649.

［28］ Melbourne water corporation，instruction sheet building an infiltration raingarden. 2012.

［29］ NPDES Glossary［EB/OL］. http://cfpub. epa. gov/npdes/glossary. cfm? program_id＝0,2008-5-16.

［30］ NZWERF. On-site stormwater management manual［S］. New Zealand Water Environment Research Foundation，Wellington，2004.

［31］ O'Bannon Deborah，Nall Jason. Detailed rain garden flow monitoring ［C］. World Environmental & Water Resources Congress，2012: 3565-3572.

［32］ Office of Research and Development Washington. The use of best management practices （BMPs） in urban watersheds［M］. Washington:United States Environmental Protection Agency,2004.

［33］ Pfeiffenberger Corri，Dougher Tracy. Evaluation of four native Montana perennials for rain garden suitability［C］//105th Annual Conference of the American Society for Horticultural Science， Orlando［J］. Hort Science,2008,43(4):1294-1296.

［34］ Dussaillant A R，Wu C H，Potter K W. Richards equation model of a rain garden［J］. Journal of Hydrologic Engineering，2004,9（3）: 219-225.

［35］ Prince George's County，low-impact development hydrologic analysis ［EB/OL］. http://www. epa. gov/owow/NPS/lid/lid _ hydr. pdf， 1999-06.

［36］ Prince George's County. Design manual for use of bioretention in stormwater management［S］. Landover:Prince George's County （MD） Government，Department of Environmental Protection. Watershed Protection Branch,1993.

[37] Prince George's County. Low impact development design strategies-an integrated design approach [S]. Maryland Department of Environmental Resource Programs and Planning Division, 1999: 72-78.

[38] Roy-Poirier A, Champagne P, Asce A M, et al. Review of bioretention system research and design: past, present, and future [J]. Journal of Environmental Engineering, 2010, 136(9): 878-889.

[39] Read J, Wevill T, Fletcher T, et al. Variation among plant species in pollutant removal from stormwater in biofiltration system[J]. Water Research, 2008, 42: 893-902.

[40] Read J, Fletcher T D, Wevill T, et al. Plant traits that entance pollutant removal from stormwater in biofiltration systems [J]. International Journal of Phytoremediation, 2010, 12: 34-53.

[41] Roger Bannerman, Ellen Considine. Rain gardens: a how to manual for Homeowners [M]. Wisconsin: University of Wisconsin Extension, 2003: 9-10.

[42] Sandy Coyman, Keota Silaphone. Rain gardens in Maryland's coastal plain[EB/OL]. http://www. co. worcester. md. us/, 2008-09-02.

[43] Skye Instruments Ltd. Light measurement guidance notes[EB/OL]. http://www. planta. cn/forum/files_planta/light_guide_941. pdf.

[44] Steve Wise. Green infructrue rising—best practice in stormwater management[J]. American Planning Association, 2008, (8-9): 14-19.

[45] The Sheltair Group Resource Consultants Inc. A guide to green infrastructure for Canadian municipalities[R]. 2001.

[46] Thomas N Debo, Andrew J Reese. Municipal storm water management[M]. [S. l.], 2002.

[47] Wong T H F, Fletcher T D, Duncan H P, et al. A model for urban stormwater improvement conceptualisation [C]//International Environmental Modelling and Software Society Conference. 2002.

[48] Yang Hanbae，McCoy Edward L，Grewal Parwinder S，et al. Dissolved nutrients and atrazine removal by column-scale monophasic and biphasic rain garden model systems［J］. Chemosphere，2010，80(8)：929-934.

[49] 包满珠.花卉学［M］.北京：中国农业出版社，2004：173-476.

[50] 陈晓彤，倪兵华.街道景观的"绿色"革命［J］.中国园林，2009，6：50-53.

[51] 崔晓阳，方怀龙.城市绿地土壤及其管理［M］.北京：中国林业出版社，2001：301-324.

[52] 胡爱兵，张书函，陈建刚.生物滞留池改善城市雨水径流水质的研究进展［J］.环境污染与防治，2011，33(1)：74-77.

[53] 赫伯特・德莱塞特尔.德国生态水景设计［M］.沈阳：辽宁科学技术出版社，2003.

[54] 黄涛.城市雨水的收集和利用［J］.萍乡高等专科学校学报，2009(6)：35-37.

[55] 阚丽艳，陈伟良，李婷婷，等.上海辰山植物园雨水花园营建技术浅析［J］.江西农业学报，2012，24(12)：70-73.

[56] 刘常富，陈玮.园林生态学［M］.北京：科学出版社，2003：14-45.

[57] 李皓.德国让市民自助绿化把城市变成花园［J］.生态经济，2004(6)：76-77.

[58] 罗红梅，车伍，李俊奇，等.雨水花园在雨洪控制与利用中的应用［J］.中国给水排水，2008(6)：48-52.

[59] 李作文，刘家桢.不同生态环境下的园林植物［M］.沈阳：辽宁科学技术出版社，2010：12-121.

[60] 钱瑭璜，雷江丽，庄雪影.华南地区7种常见园林地被植物水分适应性研究［J］.中国园林，2012(12)：95-99.

[61] 孙谷畴，赵平，曾小平.两种木兰科植物叶片光合作用的光驯化［J］.生态学报，2004，24(6)：1111-1117.

[62] 孙静.德国汉诺威康斯柏格城区一期工程雨洪利用与生态设计［J］.城

市环境设计,2007(3):93-96.

[63] 沈清基.《加拿大城市绿色基础设施导则》评介及讨论[J].城市规划学刊,2005(5):98-103.

[64] 布莱登·威尔森.塔博尔山中学雨水花园[J].风景园林,2007(2):43-45.

[65] 唐双成,罗纨,贾忠华,等.西安市雨水花园蓄渗雨水径流的试验研究[J].水土保持学报,2012,26(6):75-79,84.

[66] 唐真,丁绍刚.基于雨水资源利用的集水型公园绿地建设[J].中国城市林业,2009(7-2):50-53.

[67] 田仲,苏德荣,管德义.城市公园绿地雨水径流利用研究[J].中国园林,2008(11):61-65.

[68] 汪诚文,郭天鹏.雨水污染控制在美国的发展、实践及对中国的启示[J].环境污染与防治,2011,33(10):86-89,105.

[69] 王春晓.雨水花园——雨洪生态化管理的理论与实践[A]//IFLA亚太区、中国风景园林学会、上海市绿化和市容管理局.2012国际风景园林师联合会(IFLA)亚太区会议暨中国风景园林学会2012年会论文集(下册)[C].IFLA亚太区、中国风景园林学会、上海市绿化和市容管理局,2012:478-482.

[70] 王佳,王思思,车伍,等.雨水花园植物的选择与设计[J].北方园艺,2012,(10):77-81.

[71] 王淑芬,杨乐,白伟岚.技术与艺术的完美统一——雨水花园建造探析[J].中国园林,2009,6:54-57.

[72] 肖宜安,胡文海,李晓红,等.长柄双花木光合功能对光强的适应[J].植物生理学通讯,2006,42(5):821-825.

[73] 向璐璐,李俊奇,邝诺,等.雨水花园设计方法探析[J].给水排水,2008(6):47-51.

[74] 张辰,邹伟国.世博园区雨水收集利用技术解析[J].建设科技,2010(11):34-36.

[75] 张大敏.城市道路景观的生态设计措施探讨[J].中国园林,2013(4):

30-35.

[76] 中华人民共和国住房和城乡建设部.海绵城市建设技术指南——低影响开发雨水系统构建(试行)[R].2014.10.6.

[77] 张钢.雨水花园设计研究[D].北京:北京林业大学,2010:1-92.

[78] 张近东.利用公园雨水贮留浇灌市区绿地研究——以台北市为例[D].台湾:中华大学,2008:57.

[79] 张辰,邹伟国.世博园区雨水收集利用技术解析[J].建设科技,2010(11):34-36.

[80] 赵寒雪,殷利华.2005—2015中国十年来雨水花园研究进展[J].中国园林,2016(10):60-65.

[81] 郑克白,孙敏生,彭鹏.北京奥林匹克公园中心区下沉花园雨水利用及防洪[J].排水设计水,2008(7):97-101.

[82] 郑克白,徐宏庆,康晓鸥,等.北京市《雨水控制与利用工程设计规范》解读[J].给水排水,2014,05(50):55-60.

[83] 张浪,陈敏.打造"绿色世博、生态世博"——中国2010上海世博会园区绿地系统规划剖析[J].中国园林,2010(5):1-5.

[84] 张书函.北京奥林匹克公园中心区雨洪利用技术研究与示范[J].给水排水动态,2009(10):19-21.

[85] 车生泉,于冰沁,严巍.海绵城市研究与应用——以上海市城乡绿地建设为例[M].上海:上海交通大学出版社,2015:149-168.

[86] 车生泉,于冰沁,严巍.海绵城市研究与应用——以上海市城乡绿地建设为例[M].上海:上海交通大学出版社,2015:168-178.

[87] 牛童,刘青.雨水花园选址步骤分析[J].现代园艺,2016(22):69.

[88] 北京水利规划设计研究院.北京奥林匹克公园水系雨洪利用系统研究设计与示范[M].北京:中国水利水电出版社,2009.

后　记

在很多西方国家,对城市雨水管理问题已经进行了近 40 年的探索与实践,总结出了较多的指导经验,且至今还在持续的研究中。城市雨水管理措施的应用首先应该因地制宜地开展。低影响开发理念下的雨水管理,更多提倡将雨水径流进行源头分散入渗、截流、回用等,即"滞、蓄、渗、净、用、排"有效结合。雨水花园是雨水管理中生物滞留设施里典型的代表形式,因其可以更好地结合景观营造实现雨水管理的功能,人们将其形象地称为雨水花园,这更能彰显其在城市雨水管理中景观与功能结合的重要地位。

总结本书的研究内容,笔者主要从以下四个部分对雨水花园进行了探讨。

(1)雨水花园选址及布局设计。根据离汇水面距离的远近,提出不同选址需要重点考虑的系列问题。在离硬质汇水面距离较近的雨水花园,场地入渗不能对其基础安全产生影响,且局部地方宜进行防水防渗漏处理。离硬质汇水面较远的雨水花园,相对可以更多地灵活布局和采用其他措施。

雨水花园的空间形态为点状、线状、面状三种,本书分析了三种雨水花园各自的特点和通常适用的场所环境。点状雨水花园适合建筑单体雨水就近收集布置,主要是解决建筑屋顶、硬质广场雨水收集,水质相对较为干净,但对雨水花园景观品质要求相对较高。线状雨水花园则更多结合车行道路、步行街两侧和其他狭长带状人工设施如高架桥周边或其下布置,并对地形竖向、水系统处理都提出了相应要求。路边雨水花园还需要应对较严重的路面初级雨污滞留,以及雨水就地被土壤和植被吸附与降解的问题。

研究指出,雨水花园除平面形式设计外,更要注重竖向设计。合理的竖向设计是让雨水在自重作用下流动和汇聚、减少工程造价、完善雨水花园基本功能的重要设计因素。

(2)雨水花园基底构造及材料筛选研究。雨水花园基底构造属于雨水花园建设的隐蔽工程,是雨水花园正常运转的基础。本书重点探讨了入渗型雨水花园的渗透性、基底材料的选择、渗透率分析及构造的去污或滞污效果。

渗透材料应符合下列特征和要求:①生态环保无毒害,避免对地下水造成污染,材料本身应容易制作,尽可能采用当地天然材料,能较好回收利用;②利用多孔渗透材料,其净化水体能力强,如天然的岩石和土壤,植物体的根、茎、枝、叶等,以及种类繁多的人造多孔介质,如砖瓦、活性炭、催化剂、鞍形填料、玻璃纤维堆积体等;③经济易获得。

本书提出了雨水花园的渗透平衡设计。本书分析了武汉市近34年的降雨特征,尝试提出武汉市雨水花园不同地点的构造设计要求和注意事项。与道路、广场结合的雨水花园,可以结合道路绿地、行道树种植穴、城市高架桥下绿地进行对应设计,保证相应的构造要求及对路基的安全防渗保护。

(3)在雨水花园植物筛选及配置问题上,本书主要提出了雨水花园植物筛选的基本要求,即对雨水、光、土壤、养护管理的耐适性要求。对雨水不仅要能耐短时浸泡,还要耐较长时间干旱、耐粗放管理,能吸收雨水中的污染物。对光的耐适性主要是适应遮阴影响的弱光或少光环境。对土壤的耐适性则指植物能适应较多类型的土壤。本书提出基于PAR的筛选方法选用适光性植物,推荐了113种适合武汉地区雨水花园的植物种类,这些植物相对兼顾了对雨水、光、土壤、养护管理等4个层面的综合要求。

(4)雨水花园的实践营建。这部分结合在华中科技大学校园中进行的"雨韵园"雨水花园实习基地建设,从建设背景、选址、场地现状、雨水排放、雨水收集问题及对策、雨水园水平衡、雨水园植景艺术设计、监测与管理等方面进行了相应探讨。最后一章结合点状、线状、面状及综合应用4个版块,列举了共22个雨水花园案例,进行了图文并茂的分享和解析,以方便读者对雨水花园营建形成全面和生动的认识。

至此,本书仍存在诸多研究方面的不足。

(1)研究的系统性有待完善。城市雨水花园营建研究是一个从理论到实践系统性很强的内容,本书在写作完整性、关注全面性、组织材料的代表性方面都存在很多不足,很多研究点还没有充分展开,研究资料支撑还不

够,这些都需要在今后的研究中不断补充和完善。同时雨水花园建设没有严格的统一标准,因地制宜建设是其立足根本。北方干旱少水城市与南方多雨丰水城市的雨水花园,西部黄土高坡土壤稳定性敏感度高的地区与结构稳定的盆地地区的雨水花园,北方冬季严寒冰冻地区与南方夏季高温酷暑地区的雨水花园,在雨量、土壤立地稳定性、渗透率、温度等不同环境下的问题都给城市雨水花园的建设带来很多挑战。城市雨水花园的研究系统性须在今后进一步加强。

(2)雨水花园是城市雨洪的柔化策略,它通过低洼绿地截留地表径流,通过地下渗透、收集径流,将雨水资源化,这样不但减少了地表径流量,调节了汇流时间,也使得水资源得到合理利用,对解决环境问题更加生态有效。"雨水花园体系的逐步建立将柔化城市雨洪"。本书还需针对不同立地条件、不同典型环境特征,尤其是城市高架桥下雨水花园的研究,结合科学量化研究手段,立足于武汉市的环境特点,在设计、营建、景观特点等方面更好地推进雨水花园的研究。

(3)拓展绿色基础设施研究内容,对武汉市海绵城市建设有一定的探索和贡献。海绵城市的建设途径:①保护城市原有生态系统,最大限度地保护原有的河流、湖泊、湿地、坑塘、沟渠等水生态敏感区,留有足够涵养水源,应对较大强度降雨的林地、草地、湖泊、湿地,维持城市开发前的自然水文特征,即低影响开发基本理论,也是海绵城市建设的基本要求;②恢复和修复良好的生态环境,对已受到破坏的水体和其他自然环境,运用生态的手段进行恢复和修复,并维持一定比例的生态空间;③低影响开发,合理控制开发强度,在城市中保留足够的生态用地,控制城市不透水面积比例,最大限度地减少对城市原有水生态环境的破坏,同时,根据需求适当开挖河湖沟渠,增加水域面积,促进雨水的积存、渗透和净化。

依托雨水花园的研究,适当拓展与绿色基础设施相关的城市雨水管理的研究内容,如道路雨水管理系统营建等,将更好地丰富工程景观学研究内容。

(4)五维绿色街道的景观研究。五维绿色街道景观研究暂时还无更多成果和研究进展,需要做更多努力,可结合人体工程学、环境行为心理等学科,拓展我国新的绿色街道研究领域和内容。

城市雨水花园在我国还处于一个初步建设阶段,涉及城市规划、土木、环境、园林、道路、市政、建筑等多个行业,同时还需要非常重要的城市管理政策、制度支持和保证。在修订相关建设标准,公共政策鼓励和资金扶持,协调多部门管理,科学规划设计的前提下,雨水花园的营建才能真正实施。同时,因地制宜地建设雨水花园系统需要建立在大量科学、实践基础之上,要不断地进行总结和发展。

城市雨水花园的营建应该纳入城市建设、城市雨水管理、城市生态系统维护、人居环境改善的大体系中统一考虑,同时加入工程技术的创新,融入地方城市文化景观的阐释,城市管理者、规划设计师、各部门施工建设单位、普通市民等各个层面力量一起参与和努力,才能使得城市人居环境更和谐和可持续发展,海绵城市的建设才能真正得以实现。